CO₂

碳中和

全民科普指南

中国天气
腾讯 SSV 碳中和实验室
编 著

Carbon Neutrality

重庆大学出版社

图书在版编目（CIP）数据

图书在版编目（ＣＩＰ）数据

碳中和全民科普指南 / 中国天气, 腾讯SSV碳中和实

验室编著. —— 重庆 : 重庆大学出版社, 2023.6

ISBN 978-7-5689-3954-6

Ⅰ. ①碳… Ⅱ. ①中… ②腾… Ⅲ. ①二氧化碳 – 排

污交易 – 普及读物 Ⅳ. ①X511-49

中国国家版本馆CIP数据核字(2023)第097938号

碳 中 和 全 民 科 普 指 南
TANZHONGHE QUANMIN KEPU ZHINAN

中国天气　　腾讯SSV碳中和实验室　编著

责任编辑：王思楠
责任校对：刘志刚
责任印制：张　策
装帧设计：鲁明静

重庆大学出版社出版发行
出版人：饶帮华
社址：（401331）重庆市沙坪坝区大学城西路21号
网址：http://www.cqup.com.cn
印刷：当纳利（广东）印务有限公司

开本：787mm×1092mm　1/16　印张：14　字数：202千
2023年6月第1版　　2023年6月第1次印刷
ISBN 978-7-5689-3954-6　定价：68.00元

《碳中和全民科普指南》编写委员会

·学术指导·

杜祥琬

中国工程院院士、原副院长，俄罗斯工程院外籍院士，

国家能源委员会专家咨询委员会副主任，第四届国家气候变化专家委员会顾问

宇如聪

第十二、十三届全国政协常委，中国气象局原副局长

巢清尘

国家气候中心主任，国家碳中和科技专家委员会委员，研究员

翟盘茂

IPCC 第六次评估报告第一工作组联合主席，

第四届国家气候变化专家委员会副主任委员，中国气象科学研究院研究员

朱黎阳

中国循环经济协会会长，第四届国家气候变化专家委员会委员

张兴赢

第十三届、十四届全国政协委员，中国气象局科技与气候变化司副司长，研究员

刘家顺

中国绿色碳汇基金会副理事长兼秘书长，国家林业和草原局一级巡视员

袁佳双

国家气候中心副主任，研究员

顾问

杜祥琬　　　　宇如聪　　　　巢清尘　　　　翟盘茂　　　　朱黎阳

张兴赢　　　　刘家顺　　　　袁佳双　　　　侯芳　　　　　陈迎

申彦波　　　　刘均伟

第一部分撰稿人

张永香　　　　黄磊

统筹策划

刘轻扬　　　　舒展　　　　　王蕊　　　　　仝玉娟　　　　高浪浪

侯 芳

生态环境部应对气候变化司对外合作交流处副处长

陈 迎

中国社会科学院生态文明研究所研究员，中国社科院可持续发展研究中心副主任

申彦波

中国气象局风能太阳能中心科学主任，中国气象局科技领军人才，研究员

刘均伟

中金公司研究部量化及 ESG 首席分析师、执行总经理

· 第一部分撰稿人 ·

张永香

国家气候中心首席研究员

黄 磊

国家气候中心气候变化战略研究室主任、研究员

· 统筹策划 ·

总 策 划：**刘轻扬 舒 展**

内容统筹：**王 蕊 仝玉娟 高浪浪**

序　言

　　近百年以来，世界正经历着以全球变暖为显著特征的气候变化，全球气候变暖已深刻影响人类的生存和发展。国际社会已日益认识到地球系统正面临着气候变暖带来的严重威胁和挑战，积极采取措施应对气候变化已成为各国的共同意愿和紧迫需求。2020 年 9 月以来，习近平总书记多次在重要国际场合重申，中国将采取更有力的政策和举措，二氧化碳排放力争于 2030 年前达到峰值，努力争取在 2060 年前实现碳中和，彰显了中国坚定走可持续发展道路的战略定力，体现了中国积极推动构建人类命运共同体的大国担当。

　　党的十八大以来，在以习近平同志为核心的党中央领导下，我国积极应对气候变化，全力推动绿色低碳发展，为全球应对气候变化作出表率，成为全球生态文明建设的重要参与者、贡献者、引领者。2021 年，单位国内生产总值 (GDP) 二氧化碳排放比 2020 年降低 3.8%，比 2005 年累计下降 50.8%，能源结构进一步优化，可再生能源装机总量占全球的三分之一以上，新增装机量占全球的一半以上；2022 年，全国可再生能源总装机超过 12 亿千瓦，水电、风电、太阳能发电、生物质发电装机均居世界首位，新能源汽车保有量世界第一，绿色低碳发展已经走上了快车道。

　　实现碳达峰、碳中和目标离不开全社会的共同努力。2021 年 10 月国务院印发《2030 年前碳达峰行动方案》，对推进碳达峰工作作出了总体部署，各地区、各部门也陆续出台相关政策，积极开展行动。为贯彻落实《2030 年前碳达峰行动方案》十大行动之一的绿色低碳全民行动，加强社会各界对碳达峰、碳中和目标的全面理解，同时深入总结和展示"守护行动"碳中和科普活动的重要成果，中国天气和腾讯 SSV 碳中和实验室牵头组织国内专家共同编写了碳达峰、碳中和科普知识读本《碳中和全民科普指南》。

《碳中和全民科普指南》由两部分内容组成，第一部分为碳达峰碳中和目标的基础理论，第二部分为行业专家访谈实录。第一部分第一至三章由国家气候中心气候变化战略研究室主任、研究员黄磊完成，第四至六章由国家气候中心首席研究员张永香完成。第一部分从背景、科学基础、目标、绿色发展路径、经济手段和公众责任六个方面阐述了"双碳"目标是什么、为什么提出"双碳"目标和如何实现"双碳"目标；第二部分通过对 12 位相关领域专家的深度访谈，多角度、全方位展示碳达峰、碳中和目标的科学内涵和所需采取的政策、行动。专家访谈篇附有二维码，读者扫描二维码可以观看完整的专家访谈视频。

《碳中和全民科普指南》编写过程中得到了国家气候中心、重庆大学出版社等多部门的大力支持和帮助，在此一并表示感谢！对于本书的不周全或疏漏之处，敬请读者批评指正，以便今后再版时补充完善。

《碳中和全民科普指南》编写委员会

2023 年 3 月

目　录

第一部分　理论概述

第二部分　专家访谈

第一部分

理 论 概 述

第 1 章

"双碳"目标的背景

气候既是人类赖以生存的自然环境，也是经济社会可持续发展的重要基础资源。工业化时期以来全球正经历着以变暖为显著特征的气候变化，已经并且仍将继续影响人类的生存与发展。2020 年 10 月，党的十九届五中全会审议通过《中共中央关于制定国民经济和社会发展第十四个五年规划和二〇三五年远景目标的建议》，明确提出到 2035 年我国将广泛形成绿色生产生活方式，碳排放达峰后稳中有降，生态环境根本好转，美丽中国建设目标基本实现。2020 年 9 月以来，习近平总书记也多次在重要国际场合重申，中国将采取更有力的政策和举措，二氧化碳排放力争于 2030 年前达到峰值，努力争取在 2060 年前实现碳中和。2021 年 4 月，习近平总书记在领导人气候峰会上进一步宣布，中国正在制定碳达峰行动计划，支持有条件的地方和重点行业、重点企业率先达峰。

我国对碳达峰、碳中和的重大宣示与我国 21 世纪中叶建成社会主义现代化强国目标高度契合，关乎中华民族永续发展，影响深远、意义重大，为我国当前和今后一个时期，乃至 21 世纪中叶应对气候变化工作、绿色低碳发展和生态文明建设提出了更高要求、擘画了宏伟蓝图、指明了方向和路径，对于加快形成以国内大循环为主体、国内国际双循环相互促进的新发展格局，推动高质量发展，建设美丽中国具有重要意义。

1. 什么是碳中和

　　近百年来全球气候出现了以变暖为主要特征的系统性变化。工业化以来由于煤、石油等化石能源大量使用而排放的二氧化碳和其他温室气体，造成了大气温室气体浓度升高，温室效应增强，导致了工业化时期以来的气候系统变暖。2019 年全球大气中二氧化碳、甲烷和氧化亚氮的平均浓度分别为 410.5×10^{-6}、1877×10^{-9} 和 332×10^{-9}，较工业化前时代（1750 年）水平分别增加 48%、160% 和 23%，达到过去 80 万年来的最高水平。2019 年大气主要温室气体增加造成的有效辐射强迫已达到 3.14 瓦 / 平方米，明显高于太阳活动和火山爆发等自然因素所导致的辐射强迫，是全球气候变暖最主要的影响因子。2021 年 8 月发布的政府间气候变化专门委员会（IPCC）第六次评估报告（AR6）第一工作组报告《气候变化 2021：自然科学基础》评估指出，大气中二氧化碳等温室气体浓度的持续增加造成温室气体的辐射效应进一步增强，当前人为辐射强迫为 2.72 瓦 / 平方米，比 2013 年 IPCC 第五次评估报告（AR5）第一工作组报告所评估的 2.29 瓦 / 平方米高 20% 左右，所增加的辐射强迫中约 80% 是大气中温室气体浓度增加造成的。

　　地球大气中本身就含有一定浓度的二氧化碳，陆地和海洋生态系统也都能吸收和释放二氧化碳，因此大气二氧化碳浓度存在时间和空间上的自然波动。当二氧化碳（无论是自然过程释放的还是人为活动排放的）进入大气中时会被风混合，并随着时间的推移而均匀分布到全球各地；由于地球大气的运动形式以纬向为主，北半球和南半球之间混合的速度较慢，因此在全球尺度上需要一年多的时间才能达到充分混合。在没有人为排放的情况下，大气中的二氧化碳浓度在年际尺度上基本保持平衡，自然过程释放的二氧化碳基本上被自然过程吸收，大气二氧化碳浓度保持相对稳定。

在人为排放的情况下，排放的二氧化碳一部分留在了大气中造成大气二氧化碳浓度升高，另一部分则被海洋和陆地自然过程吸收（1850—2019 年人类活动累计排放的 23 900 亿吨二氧化碳中约 14 300 亿吨被自然过程吸收，约占累计排放量的 60%）。在未来人为二氧化碳排放量持续增加的情景下，虽然海洋和陆地会吸收更多的人为二氧化碳排放，但吸收的比例会逐渐降低，也就是说海洋和陆地在降低大气二氧化碳累积方面的碳汇作用会减弱，更多的二氧化碳被留在了大气中。

要控制全球地表平均气温的温升幅度，就需要将人为二氧化碳累积排放量控制在一定范围内，使大气二氧化碳浓度不再增长。换句话说，就是人为二氧化碳的排放和吸收之间达到平衡，即实现人为二氧化碳的净零排放，又称为二氧化碳中和或碳中和。根据 IPCC 第六次评估报告关于碳中和的定义，碳中和指的是人为排放和人为吸收之间的中和，不受自然过程的影响。也就是说，不受人为控制的自然过程所排放和吸收的二氧化碳不能被用来计算碳中和。实现碳中和不能依赖于自然过程。此外，碳中和在不同尺度上的含义存在差别，只有在全球尺度上碳中和才等同于净零排放。

2. 为什么要实现碳中和

随着国际社会对气候变化科学认识的不断深化，世界各国都已认识到应对气候变化是当前全球面临的最严峻挑战之一，积极采取措施应对气候变化已成为各国的共同意愿和迫切需求。1988 年，联合国大会通过为当代和后代人类保护气候的决议。1990 年，IPCC 发布第一次《气候变化科学评估报告》。1992 年，联合国环境与发展大会通过《联合国气候变化框架公约》，最终目标是稳定温室气体浓度水平，以使生态系统能自然适应气候变化、确保粮食生产免受威胁并使经济可持续发展；基本原则是共同但有区别的责任（历史上和目前温室气体排放主要源自发达国家，发展中国家人均温室气体排放仍相对较低）。1997年，通过《京都议定书》，这是人类历史上首次以国际法律形式限制温室气体排放，提出了发达国家、发展中国家的减排目标和义务。2007年，巴厘岛气候变化大会通过"巴厘路线图"。2009年，哥本哈根气候变化大会形成《哥本哈根协议》。2014年9月，召开了联合国气候变化首脑峰会。2014年12月，召开了利马气候变化大会，确定了国家自主贡献模式。2015年12月，在法国巴黎召开联合国气候变化大会，达成2020年后全球应对气候变化的《巴黎协定》。

《巴黎协定》在第二条中规定了全球温升控制目标，但并没有提出碳中和、温室气体中和或气候中和的概念，也没有给出碳中和的实现路径，仅在第四条中提出全球要在21世纪下半叶实现温室气体源的人为排放与汇的清除量之间达到平衡。2018年10月IPCC发布的《全球1.5℃增暖特别报告》基于模式结果评估认为，实现1.5℃温升需要大幅减少二氧化碳以及甲烷等非二氧化碳排放，使全球2030年二氧化碳排放量在2010年基础上减少约45%，并在2050年左右达到净零排放；实现2℃温升需在2070年左右达到净零排放。AR6第一工作组报告评估了从很高到很低5个排放情景的温升，评估认为仅有很低和低两种排放情景可分别实现1.5℃和2℃的温升控制目标：在很低排放情景下，全球温室气体排放量需从2020年开始下降，到2050年左右实现二氧化碳的净零排放并在之后达到二氧化碳的负排放；在低排放情景下，全球温室气体排放量也需从2020年开始下降，到2070年左右实现二氧化碳的净零排放并在之后达到二氧化碳的负排放。

IPCC第六次评估报告再次确认了全球气候变暖的幅度与二氧化碳累积排放量之间存在的近似线性相关关系，并明确指出未来的温升是由历史排放和未来排放共同造成的。《巴黎协定》在强调应对气候变化"共同但有区别的责任"原则和公平原则的同时，也在第四条第一款明确指出：为了实现第二条规定的长期气温目标，缔约方旨在尽快达到温室气体排放的全球峰值，同时认识到发展中国家缔约方需要更长的时间实现达峰。也就是说，碳达峰对发展中国家来说需要更长的时间来实现，而对于发达国家而言，很多国家早在20世纪七八十年代就已经实现了碳达峰。

实现1.5℃和2℃温控目标还均需要大幅减少非二氧化碳的排放，其中甲烷和二氧化硫的排放量会显著影响温控目标的实现概率。综合来看，短寿命气候强迫因子（这些因子多数与空气污染相关）在21世纪内一直为增温效应，虽然未来减排二氧化硫等气溶胶会产生增温效应，但会被减排甲烷所带来的降温作用部分抵消。在多数情况下，1.5℃温控目标下的非二氧化碳减排力度与2℃温控目标下接近，并且这样的非二氧化碳减排力度基本上已经达到了极限，无法再进一步加大。能源和交通等部门的二氧化碳减排措施会直接导致非二氧化碳排放的减少，其他如氢氟碳化物、农业部门的氧化亚氮和氨、部分黑碳等排放的减少需要特定的减排措施。如果在排放情景中假定生物质能的使用增加，则氧化亚氮和氨的排放也会相应增加。《全球1.5℃增暖特别报告》评估认为，实现1.5℃温控目标要求全球2050年黑碳排放量在2010年基础上减少48%～58%，二氧化硫排放量减少75%～85%，氟化物排放量减少75%～80%。《全球1.5℃增暖特别报告》评估认为未来甲烷减排潜力是有限的，到2050年60%～80%的甲烷排放主要来自农业、林业和其他土地利用等部门，说明农业、林业和其他土地利用相关的甲烷减排非常重要但难度较大。AR6第一工作组报告评估也认为有力、快速和持续地减少甲烷排放将限制气溶胶污染下降所产生的变暖效应并改善空气质量，与《全球1.5℃增暖特别报告》评估结论较为一致。

如果用一个游泳池里面的水量来代表大气中的二氧化碳含量，用水位高低的变化来代表大气中二氧化碳总量的变化（图1），那么，在没有人为碳排放的情况下，这个游泳池的水位也会发生变化，因为有雨水进入（代表地球自然生态系统排放的二氧化碳）使水位增加，而水面蒸发（代表地球自然生态系统吸收的二氧化碳）又使水位降低。如果假设把大气中所有的二氧化碳换算为一个面积为 25 米 ×15 米、1.57 米深的游泳池，则在没有人为碳排放的情况下，每年有 110 立方米的雨水流进了泳池，由于泳池的表面蒸发，每年泳池损失的水量也差不多，因此在自然状态下泳池的水位是基本上保持稳定的（水位在 1.57 米左右），也就是说，这种稳定状态下的水池并不会引起全球温升。

但是，由于工业化以来产生了人为碳排放，相当于在泳池上面安装了一个水龙头，水龙头向游泳池中流入的水量代表了人为二氧化碳排放量。目前水龙头大约每年向水池中增加 10 立方米的水，但其中有 5.7 立方米通过蒸发又流了出去，只有 4.3 立方米留在了水池中，这相当于每年的人为排放使水位增加 11 毫米，工业化以来的人为碳排放已经累计使泳池水位增加了 64 厘米，也就是说现在的水位已经达到 2.21 米。正是 1750 年以来增加的这 64 厘米的水位造成了目前全球相比工业化前超过 1℃ 的温升。未来如果泳池水位继续升高，全球气温也将继续升高；只有在水位保持稳定的情况下（人为碳排放为净零，即碳中和），全球温升幅度才会稳定在一定的水平上。

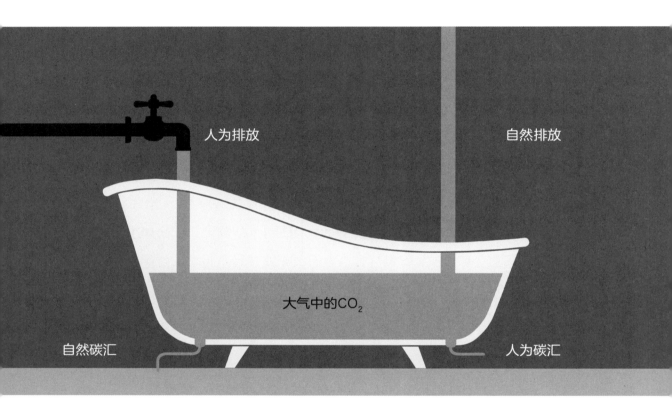

图1　碳循环示意图

3."双碳"目标与可持续发展

气候变化问题具有非常强的科学属性。如何更好地开展全球气候治理,科学是基础和依据。提到气候变化科学,就必须要提及 IPCC 这个机构,它很好地阐释了气候变化科学与气候治理之间的关系。

为了应对气候变化带来的挑战,世界气象组织(WMO)和联合国环境规划署(UNEP)于 1998 年联合成立了 IPCC,旨在向世界提供一个清晰的有关对当前气候变化及其潜在环境和社会经济影响认知状况的科学观点。该机构通过发布一系列报告,在气候治理的关键节点上,从科学基础上支撑了国际气候治理的进程。

1990 年,IPCC 发布第一次评估报告,以综合、客观、开放和透明的方式评估了一系列与气候变化相关的科学问题。报告提出人类活动产生的各种排放正在使大气中的温室气体浓度显著增加,这将增强温室效应,从而使地表升温。IPCC 第一次评估报告说明了导致气候变化的人为原因,即发达国家近 200 年发展工业化大量消耗化石能源,也就明确了主要的责任者,从而首次将气候问题提升到政治高度上,促使各国开始就全球变暖问题进行谈判,推动 1992 年联合国环境与发展大会通过了第一份框架性国际文件《联合国气候变化框架公约》。

1995 年,IPCC 正式推出第二次评估报告,证实了第一次评估报告的结论。虽然定量表述人类活动对全球气候的影响能力仍有限,且在一些关键因子方面存在不确定性,但越来越多的证据表明,当前出现的全球变暖"不太可能全部是自然界造成的",人类活动已经对全球气候系统造成了"可以辨别"的影响。IPCC 第二次评估报告为 1997 年《京都议定书》的达成铺平了道路。

2001 年，IPCC 第三次评估报告对气候变暖问题给出了更多的证据加以证明。报告指出，过去的 100 多年，尤其是近 50 年来，人为温室气体排放在大气中的浓度超出了过去几十万年间的任何时间；近 50 年观测到的大部分增暖可能归因于人类活动造成的温室气体浓度上升。

2007 年，IPCC 发布第四次评估报告，报告明确指出，全球变暖是不争的事实，近半个世纪以来的气候变化"很可能"是人类活动所致。人类活动影响全球变暖的可信度进一步提高，由原来的 60% 信度提高到 90% 信度。2007 年 10 月，IPCC 因对气候变化问题科学研究的贡献荣获当年的诺贝尔和平奖。IPCC 第四次评估报告也为形成 2℃温升目标共识奠定了科学基础，推动 2009 年国际社会达成了《哥本哈根协议》。

2013—2014 年发布的 IPCC 第五次评估报告（AR5）给出了更多的观测事实和证据，证明了全球变暖，也进一步证实了人类活动和全球变暖的因果关系，指出人类活动对全球气候变暖产生主要影响这一结论的可信度超过 95%。IPCC 第五次评估报告为 2015 年达成《巴黎协定》奠定了坚实的科学基础。

2021 年 8 月发布的 IPCC AR6 第一工作组报告最新评估结论认为：人为影响造成大气、海洋和陆地变暖是毋庸置疑的，大气、海洋、冰冻圈和生物圈都发生了广泛而迅速的变化。人类活动导致的大气中温室气体浓度持续增加造成温室气体的辐射效应进一步增强，2019 年人为辐射强迫为 2.72 瓦 / 平方米，比第五次评估报告所评估的 2.29 瓦 / 平方米高 20% 左右，所增加的辐射强迫中约 80% 是大气中温室气体浓度增加造成的。IPCC 第六次评估报告的最后一份评估产品综合报告（SYR）《气候变化 2023》于 2023 年第一季度发布，关键评估结论将为 2023 年第一次全球盘点（GST）提供重要的科学基础。

4. "双碳"目标与生态文明建设

1972 年 6 月，联合国在瑞典首都斯德哥尔摩召开了人类环境会议，通过了《人类环境宣言》，确定每年 6 月 5 日为"世界环境日"，揭开了人与自然关系的新篇章。联合国召开人类环境会议的主要原因是自 20 世纪 60 年代以来全球性的环境危机日益加剧，环境问题逐渐成为威胁人类生存和发展的最大问题之一。面对日益严重的环境问题，人们开始重新思考人与自然的关系，开始检讨工业文明发展模式以及其背后的征服论自然观。也就是说，环境问题是人与自然关系的破裂引起的，而人与自然关系的破裂又是征服论自然观导致的，也意味着人类的生存和发展将面临进一步的危机。

1987 年，挪威前首相布伦特兰领导的世界环境与发展委员会发布了关于人类未来的报告《我们共同的未来》，在这部报告中第一次提出了"可持续发展"的概念：可持续发展是既满足当代人的需求、又不损害子孙后代利益的发展方式。换句话说，可持续发展要求当代人不能干让子孙后代痛恨的事。可持续发展的内涵非常广泛，包括环境、经济、社会等多个维度，其基本思想是以保护自然环境为基础，以激励经济增长为条件，以改善和提高人类生活质量为目标。可持续发展概念的提出具有重要的意义，它有利于促进环境效益、经济效益和社会效益的统一，有利于促进经济增长方式由粗放型向集约型转变，使经济发展与人口、资源、环境相协调。

从人与自然关系的角度来看，人类文明的发展可以分为原始文明、农业文明、工业文明、生态文明等几个阶段，生态文明是人类文明发展的一个新阶段和一种新形态。人类文明的发展史就是人与自然的关系史。从原始文明时期人类对自然的敬畏和崇拜，到农业文明时期人类对自然的模仿和改造，再到工业文明时期人类对自然的征服和控制，这一发展历程体现了人与自然关系的嬗变。在工业文明出现以前，人类对自然虽然造成了一定程度的破坏，但并未超出自然的调整能力，人与自然的矛盾还未充分显露。然而，到了工业文明阶段，由于自然科学的发展、生产技术的进步，人类在创造巨大物质财富的同时，也对自然造成了严重破坏，导致人与自然关系失衡。人与自然是生命共同体，人类必须尊重自然、顺应自然、保护自然，才能与自然和谐发展。人类只有遵循自然规律才能有效防止在开发利用自然上走弯路，人类对自然的伤害最终会伤及人类自身，这是无法抗拒的规律。恩格斯也有过类似的说法："我们不要过分陶醉于对自然界的胜利，对于每一次这样的胜利，自然界都报复了我们。"这就意味着，人类应该尊重自然规律，协调好人与自然的关系，做自然的伙伴、朋友，而不是仆人或主人。因此，人类尊重、顺应、保护自然的目的，是实现人与自然和谐发展，走向生态文明（图2）。

生态文明是人类为保护和建设美好生态环境而取得的物质成果、精神成果和制度成果的总和，它既是可持续发展的重要内容，又是可持续发展的重要载体。生态文明建设与可持续发展相辅相成、相互促进，这表现在一方面生态文明建设可以推动可持续发展，另一方面可持续发展也是生态文明建设的驱动力。当前我国经济社会发展与生态环境保护的矛盾仍比较突出，污染防治任重道远。只有大力推动生态文明建设，转变发展方式，才能保持良好的生态环境，实现人与自然和谐相处，实现经济效益、环境效益和社会效益的协调统一。我国要建设的现代化是高质量发展的现代化，是人与自然和谐共生的现代化，既要创造更多物质财富和精神财富以满足人民日益增长的美好生活需要，也要提供更多优质生态产品以满足人民日益增长的优美生态环境需要，这既体现了尊重自然、顺应自然、保护自然的生态文明理念，也体现了又好又快高质量发展要求，为实现"十四五"规划目标，为到2035年基本实现现代化和生态环境质量根本好转，提供了科学路径。

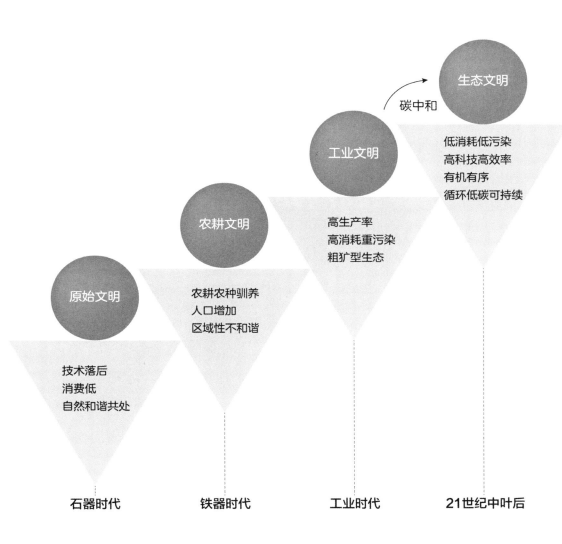

图2　从原始文明到生态文明

5."双碳"目标与应对气候变化

1972 年联合国人类环境会议在瑞典斯德哥尔摩召开，这次会议开启了关于生态环境、气候变化和可持续发展的全球治理进程。从那一刻起，全球各国共同努力，将本国利益与全人类和子孙后代的长远利益结合起来携手前行，先后达成了"里约三公约"、《21 世纪议程》《巴黎协定》《2030 年可持续发展议程》《2020 年后全球生物多样性框架》等一个又一个的里程碑，为保护我们共同的地球家园、坚持走可持续发展道路作出了不懈努力。

中国一直积极推动全球气候治理进程，从 IPCC 建立到公约的订立、京都议定书的达成再到《巴黎协定》的达成，中国都作出了重要贡献。习近平主席多次指出：积极应对气候变化是中国可持续发展的内在需要，也是负责任大国应尽的国际义务，这不是别人要我们做，而是我们自己要做。作为最大的发展中国家和最大的温室气体排放国，中国一直以来采取切实行动应对气候变化，积极、建设性参与全球气候治理，提出中国方案，贡献中国智慧，展现了负责任、有担当的大国风范。

中国在应对气候变化行动、实现低碳发展方面取得了显著成就。2012—2021 年，中国以年均 3% 的能源消费增速支撑了平均 6.5% 的经济增长，单位 GDP 的二氧化碳排放比 2012 年下降了约 34.4%，单位 GDP 能耗比 2012 年下降了 26.3%，累计节能约 14 亿吨标准煤，相应减少二氧化碳 37 亿吨。煤炭消费的比重从 2014 年的 65.8% 下降到了 2021 年的 56%，年均下降 1.4 个百分点，是历史上下降最快的时期。截至 2021 年底，中国非化石能源占比已经达到 16.6%，可再生能源装机占全球三分之一以上。这些事实和数据表明，中国以实际行动稳定了全球气候治理进程，为《巴黎协定》的全面有效实施奠定了制度和规则基础；中国也已经走上了一条符合自己国情的绿色低碳可持续发展之路，用实际行动和成效为发展中国家低碳转型提供了借鉴，为全球气候治理作出了重要贡献。

6. 碳中和关键概念辨析

在没有人为排放的情况下，大气中的二氧化碳浓度虽然存在季节内变化，但在年际尺度上基本保持平衡，也就是说每年自然过程排放的二氧化碳基本上都被自然过程吸收，大气二氧化碳浓度保持相对稳定。

在存在人为二氧化碳排放的情况下，虽然一部分排放会被海洋和陆地自然过程吸收，但大部分人为排放的二氧化碳留在了大气中造成大气二氧化碳浓度的升高。1850—2019 年人类活动已累计排放了 23 900 亿吨二氧化碳，其中约 14 300 亿吨被海洋和陆地自然过程吸收。因此又把碳中和解释为"人类可以排放一定数量的二氧化碳，但这个排放量中的一部分被自然过程吸收而固定，余下部分则可通过人为努力而固定，排放量与固碳量相等，则为碳中和"。并以假定未来几十年碳循环方式基本不变为前提，尤其是海洋吸收的比例也始终不变，这样，只把估算的留在大气中的那部分排放作为碳中和的对象。

但问题是：未来海洋吸收二氧化碳的比例不会保持不变，而是随着人为温室气体排放量增加，自然过程的吸收比例会持续降低。IPCC 第六次评估报告认为，在高和很高排放情景下，到 2100 年海洋和陆地将分别吸收人为二氧化碳排放量的 44% 和 38%，均低于当前的吸收比例。而在很低和低排放情景下，到 2100 年海洋和陆地将分别吸收人为二氧化碳排放量的 70% 和 65%，均高于当前的吸收比例。如果碳中和的对象仅仅是人类所排放的温室气体中留在大气中的那一部分，那么人类排放的未被人类中和的那部分温室气体将会继续影响陆地和海洋的自然生态系统，继续造成海洋酸化等不利影响。

根据 IPCC 第六次评估报告关于碳中和的定义，碳中和指的是人为排放和人为吸收之间的中和，不受自然过程的影响。也就是说，不受人为控制的自然过程所排放和吸收的二氧化碳不能被用来计算碳中和。实现碳中和不能依赖于自然过程。此外，碳中和在不同尺度上的含义存在差别，只有在全球尺度上碳中和才等同于净零排放。

由于全球地表温度变化并不完全是由二氧化碳的温室效应造成的，甲烷、氧化亚氮等其他的非二氧化碳温室气体也对全球变暖有很重要的贡献，因此，要想控制温升，仅使大气二氧化碳浓度不再升高是不够的，还必须要中和掉其他温室气体对全球温升的贡献，实现"温室气体中和"。由于甲烷等其他非二氧化碳等温室气体并不像二氧化碳那样能被自然过程或人工（如 CCS 等）过程吸收，因此实现温室气体中除了需要大幅减少非二氧化碳温室气体排放之外，还需要通过二氧化碳负排放等手段来抵消甲烷等非二氧化碳对增暖的贡献。

实现了温室气体中和也并不意味着全球地表平均气温就不再变化，因为人类活动还通过改变土地利用和土地覆盖方式等手段影响气候变化。改变土地利用和土地覆盖方式将使地表反照率发生变化，这就改变了地表和大气之间的能量以及物质交换，影响了地表的能量平衡，进而影响气候发生变化。因此，要想真正控制温升，还需要通过中和的方式使人类活动的其他影响也达到净零，也就是实现"气候中和"。

第 2 章

"双碳"目标的科学基础

1. 温室气体与温室效应

大气中的二氧化碳、甲烷、氧化亚氮以及臭氧、一氧化碳等极微量气体都是温室气体，二氧化碳、甲烷、氧化亚氮等这些温室气体可以吸收地表长波辐射，具有使大气变暖的效应，与玻璃温室的作用相似，这就是"温室效应"。温室气体对保持全球气候的适宜性具有重要作用，温室效应使地球大气保持了适宜人类和动植物生存的温度。若无"温室效应"，地球表面的平均气温就是-19℃，而非现在的14℃。没有温室气体不行，但温室气体过多也不行，否则温室效应太强，就会使得地球表面的温度过高而无法忍受。

事出反常必有因。近百年的全球持续变暖的"元凶"到底是什么？众多的科学理论和模拟实验表明：只有考虑到人类活动的作用才能模拟再现近百年来全球变暖的趋势，只有考虑到人类活动对气候系统变化的影响才能解释大气、海洋、冰冻圈以及极端天气气候事件等方面出现的变化。

人类活动影响的主体是通过排放大量温室气体而影响气候，特别是工业化以来的化石燃料燃烧和工业过程排放的二氧化碳是全球温室气体增长的主要来源。也就是说，人类活动排放温室气体的温室效应是导致目前气候持续变暖的根本原因，并已影响到地球其他圈层的气候异常。海洋、冰冻圈和生物圈等都发生了广泛的甚至不可逆的变化。

人为二氧化碳累积排放量与全球气候变暖的幅度之间存在近似线性的相关关系，人类活动每排放1万亿吨二氧化碳，全球地表平均气温将上升约0.45℃。2021年8月发布的IPCC第六次评估报告第一工作组报告《气候变化2021：自然科学基础》进一步指出，人类活动导致的大气中温室气体浓度持续增加将造成温室气体的辐射效应进一步增强。要维持适合人居的地球气候，就必须要控制全球地表平均气温的温升幅度，就需要将人为二氧化碳累积排放量控制在一个可量化的范围内，使得人为二氧化碳累积排放不再增长，进而人类活动不再强迫地球持续温升。可以说这就是"碳中和"共识。

---

2. 全球气候变化的历史

气候是大气状况的多年平均状态，温度、降水、风等气象要素的各种统计量是表述气候的基本依据。一个区域的气候并不是一成不变的，事实上整个地球的气候也是一直在不断发生变化的。在过去的地质年代里，地球的气候发生了剧烈的变化，其中在过去 250 万年以来呈现出冰期与间冰期的旋回，工业化革命以来出现了显著的全球气候变暖，地球表面的气温、温室气体含量、冰雪覆盖、海平面以及其他生态与环境条件都出现了振荡和变化。

气候变化是指气候平均值和气候离差值（距平）出现了统计意义上的显著变化；平均值的升降表明气候平均状态发生了变化，离差值的变化表明气候状态的不稳定性增加，离差值越大说明气候异常越明显。气候变化是一个与时间尺度密不可分的概念，在不同的时间尺度下，气候变化的内容、表现形式和主要驱动因子均不相同。根据气候变化的时间尺度和影响因子的不同，气候变化问题一般可分为三类，即地质时期的气候变化、历史时期的气候变化和现代气候变化。万年以上尺度的气候变化为地质时期的气候变化，如冰期和间冰期旋回；人类文明产生以来（一万年以内）的气候变化可纳入历史时期的气候变化范畴；1850 年有全球监测气候变化记录以来的气候变化一般被视为现代气候变化（图 3）。

气候变化可以由自然原因引起，也可以由人为原因引起，或者由自然与人类活动的原因共同引起。在工业化革命之前，气候变化主要受太阳活动、火山活动以及气候系统自然变率等自然因素的影响。工业化时期以来，人类通过大量燃烧煤炭、石油等化石燃料向大气中排放了大量的二氧化碳等温室气体，使大气中温室气体的温室效应进一步增强，全球气候出现了以变暖为特征的显著变化。人类活动产生的大量气溶胶粒子，直接影响大气的水循环和辐射平衡，这两种过程都会引起气候变化。人类活动还可以通过土地利用方式的变化，即通过改变地表物理特性影响地表和大气之间的能量和物质交换，从而使区域气候发生变化。

全球气候正经历着前所未有的变化，大气圈、海洋、冰冻圈和生物圈均发生了广泛而迅速的变化，变暖发生在整个气候系统，是过去几个世纪甚至几千年来前所未有的。气候系统的许多变化与日益加剧的全球变暖直接相关。其主要表现包括极端高温事件、海洋热浪和强降水的频率和强度增加，部分

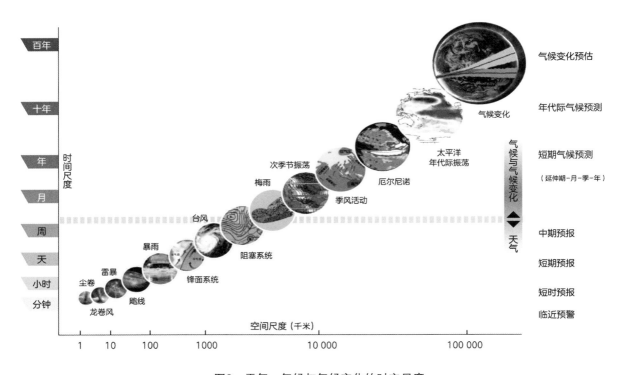

图3　天气、气候与气候变化的时空尺度

地区出现农业和生态干旱，强热带气旋的比例增加，以及北极海冰、积雪和多年冻土的减少。

大气中的温室气体浓度持续增加。2019 年，全球大气二氧化碳浓度达 410.5×10^{-6}，高于 200 万年以来的任何时候，甲烷和氧化亚氮的年平均浓度分别为 1877×10^{-9} 和 332×10^{-9}，均高于至少 80 万年以来的任何时候。自 1750 年以来，二氧化碳、甲烷和氧化亚氮浓度分别增加了 47%、156% 和 23%，均远远超过至少过去 80 万年里冰期和间冰期之间自然的千年尺度变化。

工业革命开始以来，全球地表平均温度迅速上升。自 1850 年以来，过去 40 年中的每一个十年相比之前的任何一个十年都暖。2001—2020 年全球地表平均温度比工业革命时期（1850—1900）上升了 0.99℃。2011—2020 年全球地表温度比工业革命时期上升了 1.09℃，超过了至少过去 10 万年间最暖的几个世纪的温度距平值，即约 6500 年前的全新世间冰期，那时的全球平均温度较 1850—1900 年高 0.2 ～ 1℃。在全新世间冰期之前，最近的一个暖期约在距今 12.5 万年前，当时持续几个世纪的温度较 1850—1900 年平均值高 0.5 ～ 1.5℃，与最近十年观测到的升温值是重叠的。

气候变化的许多特征直接取决于全球升温的水平，但区域差异很大。相比于 1850—1900 年，2011—2020 年全球陆地和海洋平均温度上升了 1.59℃ [1.34 ～ 1.83℃]，大于海洋的升温幅度（0.88℃ [0.68 ～ 1.01℃]）。北极地区升温幅度为全球平均的两倍以上，1977—2018 年增暖速率达 0.54℃/10 年，远超全球平均表面温度的升温速率 (0.2 ± 0.1)℃/10 年。近几十年，北半球高山区（北美西部、欧洲阿尔卑斯山和亚洲高山区）的地表平均气温上升，升温速率为 (0.3 ± 0.2)℃/10 年，但 20 世纪 80 年代以来亚洲高山区增暖速率与北极相当甚至更高，也明显高于其他高山区同期水平。

3. 现代全球变暖的事实与归因

现代全球变暖的速率和幅度比至少过去 2000 年里的其他任何时期都快（图 4）。《2022 年全球气候状况》临时报告指出，近几年随着温室气体浓度不断上升，热量不断累积，过去 8 年有望成为有气象记录以来最热的 8 年。此外，今年的极端热浪、干旱和毁灭性洪水影响了全球数百万人，并造成数十亿美元的损失。来自美国莫纳罗亚（夏威夷）和肯纳乌克 / 格里姆

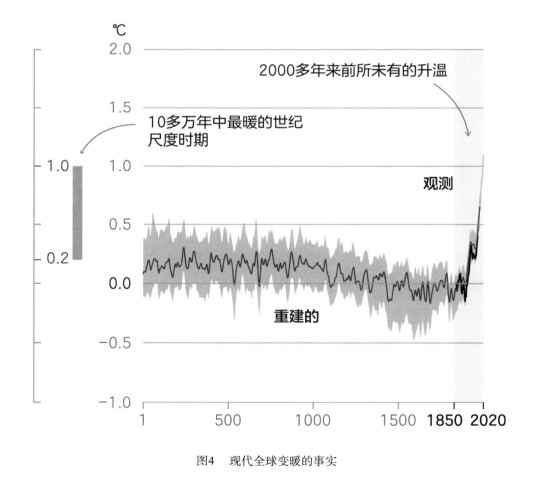

图4　现代全球变暖的事实

角（塔斯马尼亚州）的温室气体观测结果表明，二氧化碳、甲烷和氧化亚氮浓度水平在 2022 年达到了创纪录的水平。2022 年（1—9 月）全球平均气温比 1850—1900 年高出 $1.15℃$［$1.02 \sim 1.28℃$］，如果当前异常持续到年底，2022 年将成为有记录以来的第 5 或第 6 个最热年份（从 1850 年开始），这也表明 2015—2022 年是有记录以来最热的 8 个年份。地球系统中积累的热量中约 90% 储存在海洋中，通过海洋热量测量含量（OHC）。几乎可以肯定的是，自 20 世纪 70 年代以来，全球上层海洋（$0 \sim 700$ 米）已经变暖，且人类影响极有可能是主要驱动力。

气候变化受到多种外部强迫因子的响应，二氧化碳等温室气体浓度的增加导致全球气候变暖，而气溶胶和土地利用等因子对气候变化也会产生影响，可以抵消掉部分变暖。气溶胶是空气中固体颗粒和液体颗粒的总称。气溶胶对气候的影响有两种效应，一是直接效应，即通过吸收和散射短波和长波辐射，有降温作用；二是间接效应，即作为云的凝结核，改变云和降水的形成过程。大气中气溶胶有很多来源，其中一部分是自然原因产生的，如陆地表面特别是沙漠地区的沙粒被风吹到大气中，火山爆发等会将大量的气溶胶颗粒喷射到高层大气中。另一部分气溶胶是人为排放引起的，硫酸盐粒子是人为气溶胶源最重要的部分，这种硫酸盐气溶胶是由二氧化硫经过化学作用形成的，燃烧煤炭和使用石油都会产生大量的二氧化硫气体。硫酸盐气溶胶对气温的影响与二氧化碳的作用相反，主要是负辐射强迫。大气气溶胶的辐射强迫有正有负，其中硫酸盐、硝酸盐、有机碳气溶胶具有散射性，主要是降温作用，但是矿物燃烧引起的黑碳气溶胶具有较强的光学吸收特性，对全球气温变化有正辐射强迫作用。人为排放气溶胶的总体辐射效应可使地球降温。另外，人类活动在工业化、城市化的进程中对土地利用方式和土地覆盖物进行了改变，造成了陆地表面物理特性的变化，影响了地表的能量平衡，人类活动对大范围植被特性的改变会影响地表反照率，例如农田和森林的反照率不同。

温室气体在短时间内增加，气候系统中原有的稳定和能量平衡被破坏，导致了全球气候变暖。科学家们通过计算不同因子的辐射强迫可以度量各个因子对气候变暖的贡献。辐射强迫是一个物理量，可以度量地气系统的能量平衡是如何发生变化的。辐射是因为改变地球大气的入射太阳辐射和出射红外辐射之间的平衡，强迫表示地球辐射平衡正在被强制性地偏离其正常状态。正的辐射强迫可以使地表温度上升，导致全球变暖；负的辐射强迫则会使全球变冷。图 5 给出了 2010—2019 年相对于工业革命前（1850—1900 年）观测到的温度变化以及基于辐射强迫估算的人类活动影响的不同因子对气温增暖的可能贡献。从图中可以看出所有温室气体的增加都导致了正的辐射强迫，在这些温室气体中，二氧化碳产生的辐射响应最大，对全球气候变暖的贡献最大。气溶胶有两方面的作用，其中黑碳气溶胶通过发射和吸收红外辐射产生正辐射强迫，其他气溶胶引起负的辐射强迫，综合来看气溶胶的辐射强迫为负，可以抵消部分温室气体变暖的影响。基于模式模拟和统计的归因研究显示 2011—2020 年全球地表温度比工业化前上升了 1.09℃，其中约 1.07℃［0.8～1.3℃］的增温是人类活动造成的。IPCC 第六次评估报告再次确认，全球气候变化与二氧化碳累积排放之间存在近似线性的关系，工业化以来的温室气体累积排放决定未来温升水平。因此为了控制全球变暖，需要对二氧化碳、甲烷以及其他温室气体进行强劲、快速和持续的减排。

气候模拟开始于 20 世纪 50 年代，多年来，随着计算能力、观测和人们对气候系统的理解的进步，模式变得越来越复杂。IPCC 第六次评估报告所用的是国际耦合模式比较计划第六代模式（CMIP6），最新一代气候模式，包括物理、化学和生物过程都有更好的表征，有了更高的分辨率，对地球系统许多方面的模拟都进行了改进。图 6 给出了 1850—2020 年全球气温变化观测与 CMIP6 全强迫模拟和只有自然强迫模拟的比较。比较发现只有加入人类活动的影响时才能够再现观测的变暖。只有自然强迫的模拟无法再现观测的变暖特征。

人类活动的作用不仅体现在全球表面温度的变暖上，而且体现在低层大

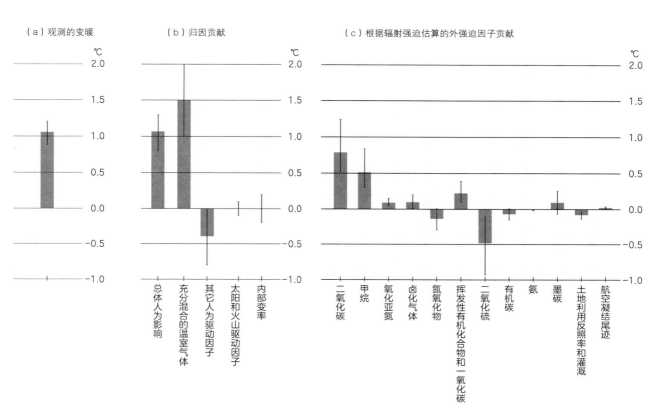

图5 （a）2010—2019年相对于工业革命前（1850—1900年）观测到全球变暖

（b）对观测的全球变暖归因贡献研究的证据

（c）根据辐射强迫估算的各外强迫影响因子对全球变暖的贡献

（来源：IPCC 第六次评估报告）

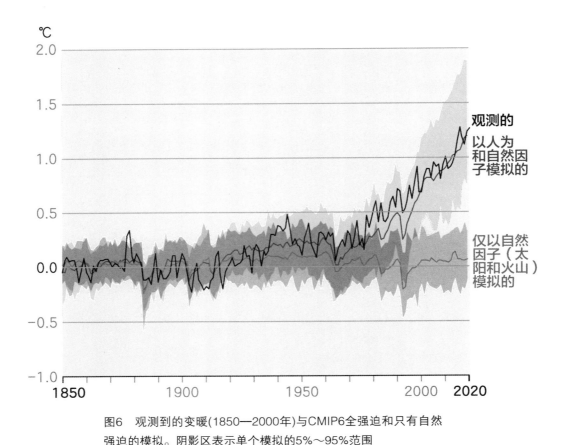

图6　观测到的变暖(1850—2000年)与CMIP6全强迫和只有自然
强迫的模拟。阴影区表示单个模拟的5%～95%范围

（来源：IPCC 第六次评估报告）

气变暖平流层变冷的模式上，还体现在海洋变暖、海冰融化和许多其他观测
到的变化上。人类活动影响极有可能驱动 20 世纪 70 年代以来全球上层海洋
温度显著变暖；人类活动排放的二氧化碳是当前全球表层海洋酸化的主要驱
动因素；人类影响也导致了全球冰川退缩、北极海冰面积减少、北半球春季
积雪面积和格陵兰冰盖表面融化。人类影响也是 20 世纪中期以来上层海洋
区域氧气水平下降的主要驱动因素。人类在驱动气候变化中扮演角色的另一
条证据来自近几十年来观测到的变暖速度与人类影响气候之前发生的变暖速
度。来自树木年轮和其他古气候记录的证据表明，在过去 50 年观测到的全

球地表温度的上升速度超过了过去 2000 年中任何一个期间发生的速度。

　　人类活动引起的气候变化已经增加了极端热事件的振幅和频率，减少了极端冷事件的振幅和频率，并在一些地区加剧了极端降水事件。在大多数地区，极端高温的频率和强度都有所增加，而极端低温的频率和强度有所减少。全球范围和大部分陆地区域强降水事件的频率和强度都有所增加。尽管陆地和海洋热浪、强降水、干旱、热带气旋以及相关的野火和沿海洪水等极端事件过去都曾发生过，未来还将继续发生，但在一个更温暖的世界里，它们往往以不同的量级或频率出现。例如，未来的热浪将持续更长时间，温度将更高，未来的极端降水事件将在一些地区更加强烈。随着气候变暖，人们将经历规模、频率、时间或地点都前所未有的极端事件。这些前所未有的极端事件发生的频率将随着全球变暖的加剧而上升。此外，多个前所未有的极端事件的联合发生可能导致大规模和前所未有的影响。

4. 全球变暖的影响与应对

　　近百年来，受人类活动和自然因素的共同影响，全球气候正经历着以变暖为显著特征的气候变化，气候变暖已深刻影响人类的生存和发展。2022 年全球地表平均温度较工业化前水平高出 1.1℃以上，过去 8 年（2015—2022 年）是有完整气象观测记录以来最暖的 8 个年份；全球海洋热含量和平均海平面均再创新高；山地冰川强烈消融；高温热浪、极端降水、强风暴、区域性气象干旱等高影响和极端天气气候事件频发，对人类经济社会和自然生态系统产生了诸多不利影响，全球气候风险加剧。

　　我国是全球气候变化的敏感区和影响显著区，20 世纪中叶以来我国区域升温速率明显高于同期全球平均水平。1961 年以来我国气候风险指数总体呈升高趋势，特别是 20 世纪 90 年代初以来我国气候风险指数明显增高，1991—2019 年平均气候风险指数较 1961—1990 年平均值增加了 57%，气候风险水平进一步升高。2019 年江南、华南发生的大范围持续性高温、长江中下游地区遭遇的严重伏秋连旱、华东地区遭受超强台风"利奇马"影响，对我国经济社会发展诸多领域造成重大损失。《全球气候风险指数 2020》指出，1999—2018 年我国气候风险造成美元损失等级位居世界第 2 位。未来气候风险将对我国粮食安全、人体健康、水资源、生态环境、能源、重大工程、社会经济发展等诸多领域构成严峻挑战。

未来我国极端天气气候事件趋多趋强，气候风险进一步升高。在气候变暖背景下，高温、洪涝、干旱等灾害风险加剧，极端天气气候灾害将趋多趋强，带来的影响和风险日益加大。短历时强降水事件增多，城市内涝风险加大，大城市百年一遇小时降水量重现期显著缩短。本世纪初以来，我国东北、华北、西南地区中等以上干旱日数分别增加了 37%、16%、10%，形成了由东北至华北到西南延伸的干旱化趋势带，受干旱影响的年均农田面积增加；预计到本世纪末，我国受干旱影响的农田面积可能会增加 1.5 倍以上。最近 20 年来登陆我国的台风平均强度明显增强，其中有一半以上的台风最大风力达到或超过 12 级，我国东部沿海地区大约 25% 的海岸线和超过 500 万人口位于高度脆弱地区，预计到本世纪末将增加 1 倍。本世纪以来我国高温热浪事件突出，平均每年高温面积接近全国的 30%，高温日数增加了 40%；预计到 2024 年前后将至少有一半的夏季可能会出现长时间的高温热浪过程，到本世纪末高温热浪的数量可能会增加 3 倍，水稻生产会受到显著影响。

未来人体健康风险和粮食安全风险增加。在全球气候变暖背景下，近 60 年来我国大风日数和平均风速呈减少趋势，我国主要城市群大气环境容量下降 5% ～ 10%，不利于污染物扩散。近 10 年来京津冀地区静稳天气增加 15% 以上，污染物扩散条件明显转差。风速减小和降水日数减少导致大气自净能力下降，人体健康风险增加。未来气候变化将引起病媒生物分布区扩大，病媒传播疾病的风险增加，热相关疾病的发病率和死亡率增加。媒介性疾病的传播可能触发连锁风险，影响教育、文化和旅游部门，并催生跨境的紧张局势。农业生产直接气候风险的加剧有可能对全球粮食系统的稳定性造成严重的负面影响，并对已经遭受负面影响的粮食安全脆弱地区带来更广泛领域的风险。

未来我国自然生态系统和生物多样性面临的气候风险增加。受气候变暖影响，我国暖温带荒漠生态系统、北方温带草原生态系统以及青藏高原西部的高寒草原生态系统生产力脆弱性较高。气候变暖造成我国西部冰川总体面积缩小18%，影响下游的径流和水资源，威胁生态安全，有可能加剧西部地区和邻国的贫困和移民风险。我国季节冻土最大冻结深度平均每10年减少6.4厘米，威胁青藏铁路和公路的安全运行。冻土消融还将导致长江、黄河源区以及内陆河山区生态系统退化，我国濒危物种将面临更大风险，208个中国特有和濒危物种中的135个物种在未来气候变化背景下的适宜分布范围将缩减至当前范围的50%。未来气候变化背景下我国还可能遭受有害外来植物的入侵。未来我国东部地区阔叶林将增加、针叶林将减少，北方森林分布面积缩小，寒温带森林向北推移。未来气候变化还将对我国区域碳平衡产生重要影响，华北地区、内蒙古和西南部分地区生态系统的碳吸收能力将下降。

5. 全球应对气候变化的进程

1972年，联合国人类环境会议在瑞典斯德哥尔摩召开，这次会议开启了关于生态环境、气候变化和可持续发展的全球治理进程。1988年，联合国大会通过为当代和后代人类保护气候的决议。1988 年成立了 IPCC，30 多年来，IPCC 持续发布了六次重要的气候变化科学评估报告，对全球应对气候变化重大进程都发挥了不可替代的科学支撑作用。1992 年，联合国环发大会通过《联合国气候变化框架公约》（以下简称《公约》），最终目标是稳定温室气体浓度水平，以使生态系统能自然适应气候变化、确保粮食生产免受威胁并使经济可持续发展；公约的基本原则是"共同但有区别的责任"。1997 年国际社会达成《京都议定书》，这是人类历史上首次以国际法律形式限制温室气体排放。2007 年，巴厘岛气候变化大会通过了"巴厘路线图"。2009 年，哥本哈根气候变化大会达成《哥本哈根协议》。2015 年 12 月，在法国巴黎召开的联合国气候变化大会达成了 2020 年后全球应对气候变化的《巴黎协定》，同意结合可持续发展的要求和消除贫困的目标，加强对气候变化威胁的全球应对，将全球平均气温升幅与前工业化时期相比控制在 2℃ 以内，并为把温度升幅控制在 1.5℃ 之内而努力，以大幅减少气候变化的风险和影响。2021 年 11 月，在英国格拉斯哥举行的《公约》第 26 次缔约方大会（COP26）最终完成了《巴黎协定》实施细则的谈判，大会通过了《格拉斯哥气候协议》，并史无前例地将 Science（科学）作为协议的首要部分，指出现有的最佳科学认知对有效开展气候行动和制定政策具有重要意义，从科学的角度强调了应对气候变化的紧迫性。《巴黎协定》是全球气候治理进程的重要里程碑。近年来，尽管国际形势和一些国家的内政外交政策出现了诸多变化，多边主义面临着一系列挑战，但全球气候治理进程经受住了严峻考验，始终沿着全面落实《公约》和《巴黎协定》的方向持续向前推进。实践充分证明，《巴黎协定》和联合国 2030 年可持续发展议程彰显了全球合作应对气候变化和可持续发展转型之路的大趋势是不可逆转的，世界各国都已认识到应对气候变化是当前全球面临的最严峻挑战之一，积极采取措施应对气候变化已成为各国的共同意愿和迫切需求。

6. 应对气候变化的主要途径

应对气候变化的主要方式是气候变化减缓和适应。减缓是指通过经济、技术、生物等各种政策、措施和手段，控制温室气体的排放、增加温室气体碳汇。为保证气候变化在一定时间段内不威胁生态系统、粮食生产、经济社会的可持续发展，将大气中温室气体的浓度稳定在防止气候系统受到危险的人为干扰的水平上，必须通过减缓气候变化的政策和措施来控制或减少温室气体的排放。控制温室气体排放的途径主要是改变能源结构，控制化石燃料使用量，增加核能和可再生能源使用比例；提高发电和其他能源转换部门的效率；提高工业生产部门的能源使用效率，降低单位产品能耗；提高建筑采暖等民用能源效率；提高交通部门的能源效率；减少森林植被的破坏，控制水田和垃圾填埋场排放甲烷等，由此来控制和减少二氧化碳等温室气体的排放量。增加温室气体吸收的途径主要有植树造林和采用固碳技术，其中固碳技术是指把燃烧气体中的二氧化碳分离、回收，然后深海弃置和地下弃置，或者通过化学、物理以及生物方法固定。

减缓气候变化主要途径包括：技术减排、结构减排、增加碳汇和管理减排四大类。能源部门、工业、交通运输、建筑和农业、林业和其他土地利用五大部门将是减排的重点部门。

能源部门的主要减排技术包括清洁煤发电技术、煤化工技术、天然气联合循环（NGCC）发电技术、非常规天然气、可再生能源、核能技术。近年来，中国煤炭和石油消费量占全部能源消费的比重一直维持在 80% 左右，在这种模式下，为改善环境质量，化石能源的清洁利用就显得极为重要。鉴于我国的煤炭能源禀赋是煤炭能源消费占总化石能源的 50% 以上，煤炭的清洁利用是最主要的改进手段。

2012 年以来，中国可再生能源发电迅速增长，相关产业开始全面规模化发展，风电、光伏发电累计并网装机容量均居世界首位。根据《可再生能源发展"十三五"规划》，到 2020 年，全部可再生能源发电装机 6.8 亿千瓦，发电量 1.9 万亿千瓦时，占全部发电量的 27%。我国可再生能源资源丰富，开发潜力巨大，虽然储量分布不均匀，但完全能够满足能源结构调整和未来能源消费对可再生能源的需求。

能源系统低碳转型关键在于提高供应侧能源效率和增加低碳能源供应比例。主要措施包括：（1）控制能源消费总量，特别是煤炭消费总量，降低燃煤消费比例；（2）能源供应向多元化、低碳化、清洁化转化；（3）增加天然气和非化石能源供应，大力发展可再生能源电力及核电技术，提高低碳／无碳发电供应比例。能源消费结构需要大幅度低碳化、清洁化和多元化。电力需求将持续增加，电力结构逐渐低碳化，低碳电力比例大幅度增加。研究认为，到 2050 年，可再生能源和核能将占总发电量的 80% 以上，其中核能发电、风电、太阳能发电、水力发电和生物质能分别占 28%、21%、16.6%、14% 和 7.6%，而这些电力在 2015 年分别占 3%、3.3%、0.7%、17.7% 和 0.3%。

第 3 章

我国的"双碳"目标

1. 我国"双碳"目标的战略意义

中国高度重视应对气候变化工作，党的十八大以来将其摆在了中国现代化建设和国家治理中更加突出的位置。2020 年 9 月以来，习近平总书记多次在重要国际场合重申，中国将采取更有力的政策和举措，二氧化碳排放力争于 2030 年前达到峰值，努力争取 2060 年前实现碳中和，彰显了中国坚定走可持续发展道路的战略定力，体现了中国积极推动构建人类命运共同体的大国担当。

实现"双碳"目标是我国破解资源环境约束突出问题、实现可持续发展的迫切需要。自然资源是国家发展之基、生态之源、民生之本。改革开放以来，我国取得举世瞩目的增长奇迹，已经成为世界第二大经济体。与此同时，资源环境约束也越来越接近上限。2020 年我国石油和天然气对外依存度分别攀升至 73% 和 43%。铁、铜、镍、钴等战略性矿产品供应长期依赖国际市场；近 70% 的城市群、90% 以上的能源基地、65% 的粮食主产区缺水问题突出；对资源不当利用导致环境污染、生态退化。究其原因，一方面是我国人口众多、资源短缺、环境容量有限；另一方面是传统粗放的增长方式遇到了不可持续的危机。从长远看，相对于分布极不均衡的化石能源，如果能够构建起以风、光等可再生能源为主的绿色低碳能源体系，就将大大降低国际地缘政治对我国的影响，提高能源安全自主保障水平，对构建能源发展新格局具有战略意义。

实现"双碳"目标是我国顺应技术进步趋势、推动经济结构转型升级的迫切需要。"双碳"时代，世界经济将摆脱对化石能源的依赖，全球能源版图将面临革命性重构。地球上普遍存在的风、光，抹平了各国在自然资源上的差距，未来能源利用的重点将不再是资源争夺，而是技术竞争。事实上，新一轮产业竞争已经拉开帷幕。欧盟提出 2035 年前要完成深度脱碳关键技术的产业化研发，美国也计划在氢能、储能和先进核能领域加大研发投入。日本在可再生能源制氢、储存和运输、氢能发电和燃料电池汽车领域都具有优势，其目标是氢能利用的综合系统成本降低到进口液化天然气的水平。竞争远不止于此，在全球低碳转型的大潮下，能源、电力、材料、建筑以及生产制造、交通运输等多领域将出现一系列创新成果，催生新产业、新业态、新产品、新服务。机不可失，我国必须迎头赶上，争创新优势。

实现"双碳"目标是我国满足人民群众日益增长的优美生态环境需求、促进人与自然和谐共生的迫切需要。从发展的角度看，碳排放与大气污染物高度同根同源，发展绿色低碳能源与经济转型，是从源头上有效减少常规污染物排放。未来，随着末端污染治理的技术潜力收窄，源头减排将对我国 2035 年乃至 2050 年重点地区空气环境质量持续提升发挥更大作用。由此，推进"双碳"的行动，也是当前深入打好污染防治攻坚战的着力点。从自然的角度看，自然生态系统是碳汇的重要来源。推进"双碳"，将进一步深化人与自然生命共同体之间的共生联系，通过生态保护修复提升生态系统碳汇能力，将带来生物多样性保护、土壤改善、空气质量净化等多重协同效益，实现高质量发展的"自然向好"及人与自然和谐共生。

实现"双碳"目标是我国主动担当大国责任、推动构建人类命运共同体的迫切需要。当今世界正经历百年未有之大变局。一个国家、一个民族何去何从，正面临前所未有的考验。实现"双碳"目标，既是我国生态文明建设和经济社会高质量发展的必然选择，也体现了积极促进国际大合作，让人类命运共同体行稳致远的大国担当。作为应对全球气候变化的重要参与者、贡献者、引领者，我国引领全球应对气候变化谈判进程，积极推动《巴黎协定》的签署、生效、实施，推动构建全球气候治理新体系。承诺实现从碳达峰到碳中和的时间，远远短于发达国家所用时间，这意味着我国作为世界上最大的发展中国家，将完成全球最高碳排放强度降幅，用全球历史上最短的时间实现从碳达峰到碳中和，并为实现这一目标付诸行动。以此向世界发出明确信号，那就是气候问题亟待解决，多边主义框架下的全球合作是解决气候问题的关键。

2. 我国碳达峰碳中和的承诺

碳达峰是指一个国家（地区）某一年的碳排放总量达到历史最高值，并且在这一最高值出现后，碳排放量呈稳定下降的趋势，最高值对应年份和碳排放量分别为碳达峰时间和峰值。碳中和，简单来说就是净零二氧化碳排放，是指一段时间内二氧化碳的人为排放量与人为吸收量之间达到平衡。

2015 年巴黎会议前夕，中国承诺 2030 年左右实现碳达峰，到 2020 年单位国内生产总值二氧化碳排放比 2005 年下降 40% ～ 45%，非化石能源占一次能源消费比重达到 15% 左右，森林面积比 2005 年增加 4000 万公顷，森林蓄积量比 2005 年增加 13 亿立方米。

2020 年 9 月 22 日，习近平主席在第 75 届联合国大会一般性辩论时宣布中国 2030 年前碳排放达峰，2060 年前实现碳中和。2020 年 12 月 12 日，习近平主席在气候雄心峰会上进一步提出中国国家自主贡献新举措，到 2030 年单位国内生产总值二氧化碳排放比 2005 年下降 65% 以上，非化石能源占一次能源消费比重将达到 25% 左右，森林蓄积量比 2005 年增加 60 亿立方米，风电、太阳能发电总装机容量将达到 12 亿千瓦以上。

气候变化是当今人类面临的重大全球性挑战。我国为了积极应对气候变化提出碳达峰、碳中和目标，一方面是我国实现可持续发展的内在要求，是加强生态文明建设、实现美丽中国目标的重要抓手；另一方面也是我国作为负责任大国履行国际责任、推动构建人类命运共同体的责任担当。

对于我国而言，应对气候变化"不是别人要我们做，而是我们自己要做"。我国仍处于城市化和工业化的关键时期，由于工业结构偏重、能源结构以煤为主、能源利用效率偏低，使得碳排放伴随经济快速增长而处于高位，严重影响绿色低碳发展和生态文明建设，进而影响提升人民福祉的现代化建设。碳达峰、碳中和目标的设定意味着我国将加速绿色低碳转型，将带来经济竞争力提升、社会更高质量发展、环境改善等多重效应。碳达峰、碳中和的承诺，有利于我国在继续保持社会经济相对高增长的同时，摘掉"高污染和粗犷发展"的帽子，走上高质量发展的道路。

---

3. 中国是全球气候治理的重要参与者、贡献者和引领者

气候治理既是全球生态文明建设的重要构成，也是构建人类命运共同体的重要领域。党的十九大报告首次把引领气候治理和全球生态文明建设写进党的报告，指出中国要"引导应对气候变化国际合作，成为全球生态文明建设的重要参与者、贡献者、引领者"，并向全世界表明，我国将积极参与全球环境治理，落实减排承诺。2016 年 5 月，联合国环境规划署发布《绿水青山就是金山银山：中国生态文明战略与行动》报告，向全世界介绍了中国生态文明建设的指导原则、基本理念和政策举措，指出中国将生态文明融入国家发展规划的做法和经验，表明了中国决心依靠绿色低碳循环的发展道路，走出工业文明发展范式困境，为实现全球生态安全和可持续发展提供中国智慧、作出中国贡献、贡献中国力量。全球气候治理具有长期性、综合性、复杂性等特点，推动生态文明建设，引领全球气候治理，是中国新形势下参与

全球气候治理的重大课题，对全球气候治理范式转变具有重大意义。中国应立足国情，主动探索，积极创新，引领引导有机结合，积极推动全球气候治理有序开展，取得实效。

第一，做全球气候治理正义的维护者。党的十九大报告提出了人类共同面临气候变化等许多领域非传统安全威胁持续蔓延的挑战，全球气候治理成为国际社会面临的共同任务。但在传统全球治理体系中，西方发达国家及其集团一直占据主导地位，包括当今在气候治理领域也在争取主导话语权。中国作为世界第二大经济体，也是最大发展中国家，完全应当与新兴国家站在一起积极参与全球治理，秉持全球气候治理正义，扩大发展中国家的话语权，在全球气候治理领域应主动发声，提出既符合应对气候变化历史逻辑，又符合各国发展水平，更符合发展中国家利益的气候治理主张，在国际气候治理规则中应更多地反映发展中国家的利益与诉求，彰显和维护全球气候治理正义。

第二，做全球气候治理机制的促进者。中国为推动《巴黎协定》通过所采取的积极努力赢得了国际社会的高度评价，但是随后美国单方面退出《巴黎协定》，给全球气候治理增加了很大的不确定性。围绕如何实现《巴黎协定》目标，各缔约国亟须在减缓、适应、资金和技术等方面进一步协商和制定更具体、更细化的全球气候治理规则。中国应继续坚持"共同但有区别的责任""各自能力"原则，从构建人类命运共同体和维护人类共同利益出发，积极促进国际社会平等协商，倡导和推动制定全球气候治理新规则，有效促进各国尤其是发达国家依约履行气候治理责任，推进相应措施有效落实，以实现全球气候治理目标，共同保护好人类赖以生存的地球家园。

第三，做全球气候治理的积极贡献者。党的十九大报告向世界表明，我国将积极参与全球环境治理，落实减排承诺。在国家自主贡献中，我国提出将于2030年左右使二氧化碳排放达到峰值并争取尽早实现，2030年单位国内生产总值二氧化碳排放比2005年下降60%～65%，非化石能源占一次能源消费比重达到 20% 左右，森林蓄积量比 2005 年增加 45 亿立方米左右。为落实承诺，党的十九大报告对我国推进绿色发展，着力解决突出环境问题，加大生态系统保护力度，改革生态环境监管体制等作出了全面部署和安排。中国在全球气候治理领域的积极贡献，会给国际社会作出有力示范，也会增加国际社会对中国引领全球气候治理的认同。

第四，做全球气候治理的广泛合作者。全球气候治理是国际社会的共同任务，实现全球气候治理目标，需要国际社会广泛而持续的合作。2014 年以来，中国在气候变化的国际舞台上，通过 G20、金砖、APEC、中美、中欧、中法对话等平台，以更加积极开放的姿态与其他发达国家合作，先后形成了《中美气候变化联合声明》《中欧气候变化联合声明》《中法元首气候变化联合声明》等一系列成果文件，为应对气候变化领域的全球合作注入了积极因素，显示了中国在气候外交上更加灵活务实的姿态。在《巴黎协定》生效后，广大发展中国家在减缓与适应气候变化方面将会面临更多挑战。中国不仅需要主动承担与我国国情、发展阶段和实际能力相符的国际义务，而且需要大力倡导国际社会合作应对气候变化，进一步加大气候变化南北合作，利用好中国气候变化南南合作基金项目，帮助其他发展中国家提高应对气候变化能力，促进更多发达国家向发展中国家提供更多支持，并促进国际社会向发展中国家转让气候治理技术，为发展中国家技术研发应用提供支持，促进绿色经济发展。

第五，做全球气候治理的科技创新者。破解全球气候变化问题关键还是要依靠科技进步。《巴黎协定》生效后，发展中国家在全球碳减排中扮演着十分重要的角色，但却缺乏先进的技术来实现减排目标，而发达国家拥有较多先进技术但推广应用有限。中国一方面应加强应对气候变化科技创新，大力加强节能降耗、可再生能源和先进核能、碳捕集利用和封存等低碳技术、绿色发展技术的研发、应用和推广；另一方面还应充分利用先进的科学技术深化国际合作，积极推进南北对话、沟通与协调，推动国际社会形成更加符合维护全球气候安全需要的技术合作机制，促进全球气候治理技术的深入研究和深度推广运用。

第六，做全球气候治理的理性担当者。尽管自哥本哈根气候大会以来，中国在气候治理领域的声音越来越强，在塑造全球气候治理新机制上日益发挥着举足轻重的作用。但是，必须清醒认识到我国仍然是一个发展中国家，我国综合国力与发达国家还有很大差距，各方面条件还不成熟，还有许多自身的问题需要解决，并不具备独自引领全球气候治理的实力。因此，在参与全球气候治理中，应保持战略定力，既发挥引领作用，又量力而行，既不做力所不能及的承诺，也不承担力所不能及的责任，而应秉持"共同但有区别的责任"基本原则，坚持全球气候治理行动关于照顾各国国情和发展阶段的理念，推动全球气候治理更加包容、务实和富有建设性。

总之，中国在积极参与和推进全球气候治理过程中，硬实力和软实力不断增强，成为维护发展中国家利益的主导力量，有力地推动了全球气候治理朝着更加公正、合理和有序的方向发展。

作为目前最大的发展中国家和碳排放国家，中国采取切实行动应对气候变化，积极、建设性参与全球气候治理，提出中国方案，贡献中国智慧，展现了负责任、有担当的大国风范。

引领全球气候治理。 中国积极参与了与气候问题相关的国际治理进程，不仅在《联合国气候变化框架公约》的谈判中体现建设性姿态，也积极派员参与公约外的各项国际进程，如千年发展目标论坛、经济大国能源与气候论坛、国际民用航空组织、国际海事组织以及联合国秘书长气候变化融资高级咨询组等合作机制。

积极开展国际气候合作。 中国充分发挥大国影响力，加强与各方沟通协调，推动全球气候治理的发展。一方面，中国与其他国家保持密切沟通，寻求共识。中国先后同美国、英国、印度、巴西、欧盟、法国等发表气候变化联合声明，就加强气候变化合作、推进多边进程达成一系列共识，并且通过

"基础四国""立场相近发展中国家""77 国集团 + 中国"等谈判集团，在发展中国家发挥建设性引领作用，维护发展中国家的团结和共同利益。另一方面，中国积极帮助其他受气候变化影响较大、应对能力较弱的发展中国家。多年来，中国通过开展气候变化相关合作为非洲国家、小岛屿国家和最不发达国家提高应对气候变化能力提供了积极支持，主要包括中国气候变化南南合作基金、气候变化南南合作"十百千"项目、"一带一路"倡议等。

4. 中国应对气候变化的行动

《公约》作为国际社会在应对气候变化问题上进行国际合作的基本框架，奠定了国际气候制度的基本内容，如缔约方履约行动必须遵守的基本原则、各缔约方的义务、资金机制、技术转让规定、能力建设规定等。在《公约》基本框架基础上，后来的《京都议定书》《巴厘行动计划》以及《巴黎协定》等重要国际协议，进一步明确了各项国际气候制度的具体内容。2007 年通过的《巴厘行动计划》确定了全球应对气候变化的长期目标和减缓、适应、技术和资金四大关键议题，被形容为一辆车的"四个轮子"，只有平衡推进，才能行稳致远。中国统筹国际国内积极履约，取得了令世人瞩目的成绩。

减缓气候变化

自 2006 年以来，中国政府陆续出台了相关政策，并基于国民经济发展规划，通过调整产业结构、优化能源结构、大力节能增效、植树造林等政策措施，努力控制温室气体排放，取得明显成效。在"十一五"时期，中国政府于 2007 年发布了《节能减排综合性工作方案》，明确了节能减排的具体目标、重点领域及实施措施；修订了《产业结构调整指导目录》，出台了《关于抑制部分行业产能过剩和重复建设引导产业健康发展的若干意见》，提高高能耗行业准入门槛，通过促进企业兼并重组、加强传统产业技术改造和升级等手段降低企业能耗水平；出台了《国务院关于加快培育和发展战略性新兴产业的决定》，支持节能环保、新能源等战略性新兴产业的发展，尤其是在可再生能源领域发展迅猛。根据世界银行报告数据，1990—2010 年，全球累计节能总量中中国的占比达到了 58%。在发展可再生能源上，中国的装机容量也占了全球的 24%，新增容量占全球的 37%。

在"十二五"时期，中国组织编制《国家应对气候变化规划（2014—2020 年）》，对 21 世纪第二个 10 年的中国应对气候变化工作进行系统谋划；中国提出的 2030 年左右排放峰值目标、20% 非化石能源目标等进一步倒逼国内产业政策和机制转变，尤其是将生态文明建设纳入"五位一体"总体布局，"绿水青山就是金山银山"理念成为各级政府的工作目标，进一步使减排与经济转型发展的协同一致性上升为经济社会发展的内在要求。在此基础上，中国先后出台实施了《大气污染防治法（修订草案）》《环境保护法》《可再生能源法》等，建立了严格的责任追究机制，加大了污染环境的违规成本。到"十二五"末期，中国能源活动单位国内生产总值二氧化碳排放下降了 20%，超额完成下降 17% 的约束性目标；非化石能源占一次能源消费的比重达到了 11.2%，比 2005 年提高了 4.4 个百分点，2011—2015 年中国在全球可再生能源的总装机容量中占 25%，使中国成为世界节能和利用新能源、可再生能源的第一大国。

在绿色投资领域，中国先后颁布了《绿色信贷指引》等相关政策规定。近年来在全球绿色投资竞争中中国一直稳居前列，在清洁能源、污染治理等领域投入的资金量遥遥领先其他国家。在碳市场建设上，在中国政府的推动下，2010 年开始实行低碳省区和低碳城市试点，在全国建立了北京、上海、天津等 7 个区域性碳市场试点，从减排主体、减排配额、交易工具、交易机制等角度进行探索，为碳市场建设积累经验。整个"十二五"期间，7 个区域性碳市场试点共纳入 20 余个行业、2600 多家重点排放单位，累计成交排放配额交易约 6700 万吨二氧化碳当量，累计交易额达 23 亿元。2021 年 1 月 1 日，首个履约周期正式启动，涉及 2225 家发电行业的重点排放单位。除此之外，中国还推出了非常具有中国特色的行政管制措施，采取了类似于关闭高能耗工厂、产能压缩等一系列的强力措施。

根据 2020 年 12 月 21 日发布的《新时代的中国能源发展》白皮书，中国 2019 年碳排放强度比 2005 年降低 48.1%，提前实现了 2015 年提出的碳排放强度下降 40% ～ 45% 的目标。中国绿色低碳发展所采取的一系列行动，为引领全球气候治理打下了坚实基础。

2021 年 10 月，《国务院关于印发 2030 年前碳达峰行动方案的通知》将碳达峰贯穿于经济社会发展全过程和各方面，重点实施能源绿色低碳转型行动、节能降碳增效行动、工业领域碳达峰行动、城乡建设碳达峰行动、交通运输绿色低碳行动、循环经济助力降碳行动、绿色低碳科技创新行动、碳汇能力巩固提升行动、绿色低碳全民行动、各地区梯次有序碳达峰行动等"碳达峰十大行动"。

适应气候变化

适应气候变化是降低气候变化危害、防灾减灾、促进社会和谐稳定的迫切需要，也是转变经济发展方式和建设资源节约型、环境友好型社会的迫切需要。多年以来，中国不断强化适应气候变化领域的顶层设计，提升重点领域适应气候变化的能力，加强适应气候变化基础能力建设，努力减轻气候变化对中国经济社会发展的不利影响。1994 年颁布的《中国 21 世纪议程——中国 21 世纪人口、环境与发展白皮书》首次提出适应气候变化的概念。2007 年制定实施的《中国应对气候变化国家方案》系统阐述了中国各项适应任务。2010 年发布的《中华人民共和国国民经济和社会发展第十二个五年规划纲要》明确要求："在生产力布局、基础设施、重大项目规划设计和建设中，充分考虑气候变化因素。提高农业、林业、水资源等重点领域和沿海、生态脆弱地区适应气候变化水平。"2013 年，国家发展和改革委员会颁布《国家适应气候变化战略》，进一步明确了我国适应气候变化工作的基本原则、主要目标以及重点任务。与此同时，农业、林业、水资源、海洋、卫生、住房和城乡建设等部门也先后制定实施了一系列适应气候变化的重大措施。

完善资金机制与加强技术合作

中国在强调发达国家必须向发展中国家提供资金与技术的同时，针对不少发展中国家经济和基础设施落后、易受气候变化不利影响威胁且应对能力薄弱的问题，多年来通过开展气候变化合作，为非洲国家、小岛屿国家和最不发达国家提高应对气候变化能力提供积极支持，展开发展中国家之间的资金合作和技术推广，积极援助广大发展中国家开展应对气候变化能力建设。2000—2010 年，中国先后免除了亚非拉、加勒比、大洋洲地区等 50 多个国家的到期债务约 255.8 亿元人民币。2011—2015 年，中国为发展中国家援建了 200 个清洁能源和环保等项目，帮助数十个国家改善应对气候变化基础设施、加强应对气候变化能力建设。2015 年 9 月，国家主席习近平在出席联合国峰会时宣布，中国将设立中国气候变化南南合作基金；在巴黎气候变化大会上，习近平主席进一步表示，中国将于 2016 年启动在发展中国家开展 10 个低碳示范区、100 个减缓和适应气候变化项目及 1000 个应对气候变化培训名额的合作项目。通过建立南南合作基金，中国政府"十二五"规划以来已累计投入 5.8 亿元人民币，为小岛屿国家、最不发达国家、非洲国家及其他发展中国家提供了实物和设备援助，对它们参与气候变化国际谈判、政策规划、人员培训等方面提供了大力支持。预计 2016—2030 年，中国将投入 30

万亿元人民币应对气候变化。

在技术合作领域，中国积极加强应对气候变化科学研究，不但在国内通过设立专项支持等方式加强相关领域的研究，也多次资助相关国际会议和研究活动。特别是在IPCC的各项活动中，中国始终是积极参与者，参加了历次全会和主席团会议，先后有100多位优秀科学家和相关领域的专家学者参与IPCC历次评估报告和特别报告的编写和评审。中国在这个过程中实现了国内国际气候变化科学研究的双促进，中国的研究成果在IPCC以及联合国其他可持续发展领域相关报告中的引用率显著提高。

气候治理

气候外交是全球气候治理的重要内容和"主战场"，是中国参与全球治理的成功典范，也是新时期中国外交的重要课题。面对全球气候谈判中所面临的日益复杂局面，中国逐渐形成了基本的全球气候理念：坚持《公约》和《京都议定书》的基本框架，严格遵循"巴厘路线图"；坚持"共同但有区别的责任"原则；坚持可持续发展原则；坚持统筹减缓、适应、资金、技术等问题以及坚持联合国主导气候变化谈判的原则；在联合国《公约》框架下，坚持"协商一致"的决策机制。中国的气候外交在坚持上述原则的基础上，根据自身的条件积极采取更加灵活、更加积极的立场和行动，积极参与《公约》内外的谈判活动，灵活利用双边或多边援助与发展机制等，扩大对发展中国家的影响，推动全球气候治理的进程。

在国际气候谈判中，中国主动采取更灵活的气候外交政策，不断巩固中国在联合国框架内外的气候治理话语权。中国强调，全球气候治理应在联合国框架下通过协商一致的方式来解决，其他形式的国际机制应作为对前者的补充和推动。在《公约》以外的机制上，中国从过去的专注于《公约》以及《京都议定书》，逐渐转变为对其他形式国际气候合作机制持开放态度。如历年来中国领导人先后参加了二十国集团峰会、主要经济体能源安全与气候变化会议、亚洲太平洋经济合作组织等，通过高层互访和重要会议推动国际气候谈判进程。

5. 中国实现"双碳"目标面临的艰巨挑战

中国一直积极建设性推动建立一个公平合理、合作共赢的全球气候治理体系，从建立 IPCC 到订立公约、达成《京都议定书》再到达成《巴黎协定》，中国都作出了重要贡献。习近平主席多次指出：积极应对气候变化是中国可持续发展的内在需要，也是负责任大国应尽的国际义务，这不是别人要我们做，而是我们自己要做。中国一直积极务实推动全社会加速向绿色低碳转型。2020 年与 2005 年相比，中国能源结构进一步优化，煤炭占一次能源比重从 72% 下降到 56.8%，非化石能源占一次能源比重从 7.4% 提高到 15.9%，可再生能源装机总量占全球的三分之一以上、新增装机量占全球的一半以上，新能源汽车保有量世界第一。

在看到成绩的同时我们也要清醒地认识到，后续我们面临的挑战更大，任务更为艰巨。欧盟国家普遍在 20 世纪八九十年代达到了碳排放峰值，欧盟承诺的碳中和时间与碳排放峰值时间相隔六七十年；美国在 2010 年前也已经实现了碳排放峰值，与承诺的碳中和时间相隔四五十年。我国目前二氧化碳排放量仍在攀升，从碳达峰到碳中和的时间比发达国家短得多，实现碳达峰时的人均排放量也比发达国家低得多，这意味着我国在应对气候变化行动上需要付出更为艰苦卓绝的努力。

第一：从排放总量看，我国碳排放总量巨大，约占全球的 28%，是美国的 2 倍多，欧盟的 3 倍多，实现碳中和所需要的碳减排量远高于其他经济体。

第二：从发展阶段看，欧美各国经济发展成熟，已实现经济发展与碳排放绝对脱钩，碳排放进入稳定下行通道。而我国发展不平衡、不充分的问题仍较突出，发展的能源需求仍在持续增加，碳排放尚未达峰，要统筹协调社会经济发展经济结构转型、能源低碳转型及“双碳”目标，难度很大。

第三：从碳排放发展趋势看，英、法、德等欧洲发达国家早在 1990 年开启国际气候谈判前就实现了碳达峰，美、加、西、意等国在 2007 年左右实现了碳达峰，距离 2050 年碳中和目标实现的窗口期比较长。而我国自 2030 年碳达峰到 2060 年实现碳中和，时间跨度只有 30 年，要付出的努力和速度要远大于欧美国家。

第四：从重点行业和领域看，我国的能源结构以煤炭为主，能源系统要在 30 年内快速淘汰 85% 的化石能源实现零碳排放，实现“双碳”目标，需要一场真正的能源革命，不是简单的节能减排就可以实现转型。

2019 年，中国煤炭产量超过全球总产量的 47%，消费量却占全球的 52%。在“双碳”目标下，从开发、利用、转化等各环节共同构成的煤炭产业链如何向绿色低碳转型，面临严峻的挑战。大力控制和减少煤炭石油，逐步淘汰煤电是大势所趋。近年来，我国实施煤炭消费总量控制取得了成效，2019 年煤炭消费占能源消费总量比重为 57.7%，比 2012 年下降 10.8%。

在“双碳”目标下，煤电不仅要继续做好大电网稳定运行的基石，而且要积极参与电网调峰、调频、备用。在煤炭产业链转型过程中，需要安置好煤炭行业的冗余劳动力，一些资源依赖型城市和地区萎缩衰落，发展面临转型困境。此外，越来越多的金融机构不再投资煤电项目，我国海外投资的大量煤电项目面临很大风险。

天然气　2017 年天然气燃烧排放 60 亿吨二氧化碳，约占全球温室气体排放量的 12%。我国 2019 年在一次能源结构中占比为 8.1%。2020 年 12 月，国务院新闻办《新时代的中国能源发展》白皮书要求将天然气作为替代煤炭的一种手段，加强天然气基础设施建设和互联互通，在城镇燃气、工业燃料、燃气发电、交通运输等领域推进天然气高效利用。在未来 5～10 年还有一定的发展空间，未来 10～15 年发展前景存在较大不确定性。要实现"双碳"目标，天然气最终也将被无碳的非化石能源所替代。

可再生能源　其替代化石能源对于能源系统转型具有举足轻重的作用。截至 2019 年底，我国新能源装机容量达 4.14 亿千瓦，占全部电力装机的 20.63%。其中风电 1.2 亿千瓦，光伏发电 2.04 亿千瓦。习近平总书记在气候峰会上提出可再生能源的发展目标是到 2030 年风电、太阳能发电总装机容量将达到 12 亿千瓦以上。在"双碳"目标下，电力企业积极发展可再生能源，2020 年累计签署的各类风、光和储能项目达数千亿元。但是，可再生能源的快速发展也带来电网稳定性和生态环境保护等方面的隐忧。

核电　截至 2019 年底，我国在运、在建核电装机容量 6593 万千瓦，居世界第二，在建核电装机容量居世界第一。2020 年 12 月发布的《新时代的中国能源发展》白皮书指出，建设多元清洁的能源供应体系，优先发展非石化能源，安全有序发展核电是多元清洁能源工业的体系的重要组成部分。坚持核电安全发展战略，对我国构建安全高效能源体系、应对气候变化挑战具有重大的战略意义。

我们必须清醒地认识到，实现碳达峰碳中和是一场广泛而深刻的经济社会系统性变革。必须要以习近平总书记的重要指示作为根本遵循，尊重客观规律，稳中求进，扎实推进。各行各业和每个社会成员都要有思想准备，都有可能遇到不同程度、不同形式的压力和困境，都要思考如何紧跟时代进步，认知新理念、新格局、新业态，及时调整自己的生活方式、工作方式和思维方式，全面形成绿色低碳的行动自觉。

6. 应对气候变化与可持续发展

　　人们经常容易把绿色发展和可持续发展混淆，在研究过程中也经常产生"绿色发展和可持续发展是什么关系"的疑惑。通过重温"两山"理论的相关论述，结合梳理全球可持续发展理念和我国各时期的政治话语体系，我们可以发现，绿色发展是可持续发展在当今语境下的中国表述，理解二者之间的联系与细微差别，有助于更加坚定理论自信和更好地推进相关工作。

　　可持续发展缘起于西方话语体系。1987 年，世界环境与发展委员会发布了《我们共同的未来》报告，提出了可持续发展概念，并将其定义为"既能满足当代人的需要，又不对后代人满足其需要的能力构成危害的发展"。1992 年，联合国在里约热内卢召开的第一次环境与发展大会通过了《21 世纪议程》，将可持续发展凝聚为全球共识。2000 年 9 月在联合国千年首脑会议上，世界各国领导人共同签署了《联合国千年宣言》，就消除贫困、饥饿、疾病、文盲、环境恶化等 8 个方面商定了一套为期 15 年的可持续发展目标和指标，被称为千年发展目标。2015 年，在承接千年发展目标的基础上，193 个成员国在联合国可持续发展峰会上又正式通过了《2030 年可持续发展议程》，该议程为下一个 15 年制定了包括 17 个方面的可持续发展目标。

　　总体上，可持续发展是一个具有全球共识的概念和目标，但各国经济、政治、文化差异巨大，为了形成共识，其概念难免抽象笼统，覆盖的领域包罗万象。反之，各国在实践上，也都是从自身国情出发，并且同一个国家也有不同发展阶段，在不同阶段也可以有不同的理解方式和实践形式。

　　自 1990 年代开始，中国就积极推进可持续发展。30 多年来，中国的经济社会发生了巨大变化，这些变化构成了中国追求可持续发展的基础。从国内情况来讲，社会主要矛盾转化为"人民日益增长的美好生活需要和不平衡不充分的发展之间的矛盾"；从国际地位来看，自 2010 年开始我国就稳居全球第二大经济体，2019 年人均 GDP 超过 1 万美元。

在 1995 年召开的党的十四届五中全会上，江泽民在论述经济建设和人口、资源、环境的关系时强调，"在现代化建设中，必须把实现可持续发展作为一个重大战略"。"可持续发展"的表述被写入党和国家的重要文件中，成为国家战略。

进入 21 世纪，可持续发展被吸收进了科学发展观。2003 年，党的十六届三中全会明确提出科学发展观，即"坚持以人为本，树立全面、协调、可持续的发展观，促进经济社会和人的全面发展"。2007 年党的十七大将科学发展观写入党章，并指出："科学发展观，第一要义是发展，核心是以人为本，基本要求是全面协调可持续，根本方法是统筹兼顾。"2012 年党的十八大又进一步把科学发展观列入党的指导思想。

进入社会主义新时代，党的十八届五中全会提出"创新、协调、绿色、开放、共享"五大发展理念。五大发展理念不仅面向中国自身可持续发展，也包括了对全球可持续发展的倡导，而且形成了从理念到机构的完备体系：在理念上提出了"人类命运共同体"，在合作机制上提出了"一带一路"倡议，在实体机构上创建了亚洲基础设施投资银行，这些都彰显了一个负责任大国对全球可持续发展的担当。

回顾"可持续发展"提出 30 多年来中国最重要政治话语体系的变化，可以看出：中国追求可持续发展的决心一直没变，但表述和实践的方式、姿态却发生了变化，从可持续发展到科学发展观，再到五大发展理念，反映了中国在践行可持续发展方面从最初的追随者、响应者转变为主动创新者，再跃升为积极倡导者的演变历程，其实践路径也越发具体和清晰。

五大发展理念在一定程度上是用中国话语体系将可持续发展进行了细分和拓展，使之更具有可操作性。绿色是永续发展的必要条件和人民对美好生活追求的重要体现，绿色发展既是理念也是行动路线，是五大发展理念中与国际可持续发展理念联系最紧密、重合度最高的。总体上可以理解为：在理念层面，绿色发展是可持续发展的中国版本；在实践层面，走绿色发展之路是实现可持续发展的中国方案。

与传统将环境与经济割裂或对立起来的"先污染后治理""边污染边治理"等观点相比，绿色发展是真正将环境与经济统一起来，强调在发展中保护，保护就是发展。因此绿色发展是将绿色作为发展的一种驱动力，而不是发展中要"兼顾"的问题，更不是制约发展的拦路虎。以农业为例，通过利用好秸秆、粪便等生产剩余物，减少化学投入，农业农村的多功能性逐步凸显，成为满足人们对美好生活向往的重要载体，优质的农产品、优美的乡村环境通过完善的产品和服务市场获得溢价，绿色成为驱动农业高质量发展的内生动力。

当然，绿色发展与可持续发展在覆盖的领域方面还有一些差异。绿色发展主要针对经济和环境领域，注重的是解决人与自然和谐共生的问题，人与人之间的问题（例如性别平等、社会公正、代际公平等），属于可持续发展的范畴，却超出绿色发展的范畴。这是因为五大发展理念是相互贯通、相互促进，有内在联系的集合体，绿色发展所未能覆盖的领域将由其他理念来覆盖，例如"共享"发展理念主要就是覆盖社会公平正义问题。这一差异也正表明了绿色发展相较笼而统之的"可持续发展"更具有实践指导性，绿色发展抓住了永续发展的最核心问题，即人与自然的关系问题，而将性质相异的问题交由其他理念去解决。

第 4 章

实现碳中和
碳达峰的
绿色发展路径

1. 碳达峰碳中和与政策

自碳达峰碳中和目标愿景提出以来，中国在多个场合表明实现双碳目标的决心。党的十九届五中全会审议通过了《中共中央关于制定国民经济和社会发展第十四个五年规划和二〇三五年远景目标的建议》，把"制定二〇三〇年前碳排放达峰行动方案"作为"十四五"规划的重要内容。在这一新的历史条件下，加快制定碳达峰碳中和的时间表和路线图，以顶层设计指引二氧化碳减排是中国实现绿色低碳可持续转型和履行国际承诺的重要任务和前提。

顶层设计引领碳达峰碳中和

碳达峰碳中和需要在"全国一盘棋"的工作思路下，发挥制度优势和市场优势，以协同适配的一揽子政策推进其实现。碳达峰碳中和既关注能源电力、工业、建筑、交通等重点部门，也关注典型城市的引领作用；既需要差异化的行动方案，也需要东中西部地区之间要素禀赋的深度融合。除了巩固自上而下将减排目标层层分解至地方政府部门的传统做法外，也应通过碳定价等政策将减排责任压实至企业，并需要在科技政策、碳金融政策、投融资政策、区域协同政策、监管和评估上辅之以配套政策。

在碳达峰碳中和工作领导小组统一部署下，国家发展改革委会同有关部门制定了碳达峰碳中和顶层设计文件，编制并不断完善 2030 年前碳达峰行动方案和分领域分行业实施方案，谋划金融、价格、财税、土地、政府采购、标准等保障方案，加快构建碳达峰碳中和"1+N"政策体系。碳达峰碳中和政策体系采取"1+N"模式，有一个总体目标，明确基本原则，设定总体框架，然后再分领域分部门，推出一系列相关配套的方案，共同形成一个完整的政策体系。"1+N"政策体系涉及能源、产业、交通、技术、金融等多个领域，转型和创新是其主旋律。其主要内容包括以下十个方面内容。

一是优化能源结构。能源活动二氧化碳占我国温室气体总排放量的80%左右。推动能源革命，加快构建清洁低碳安全高效的能源体系和以新能源为主体的新型电力系统。严格控制化石能源消费，"十四五"时期严控煤炭消费增长，"十五五"时期逐步减少，合理调控油气消费，有序引导天然气消费。安全高效发展核电，因地制宜发展水电，大力发展风电、太阳能、生物质能、海洋能、地热能。加快抽水蓄能和新型储能规模化应用，提高电网对高比例可再生能源的消纳与调控能力。积极发展绿色氢能。推动工业、建筑、交通、公共机构等节能和提高能效。

二是推动产业和工业优化升级。工业部门占终端碳排放近70%，要加快低碳转型，力争率先达峰。坚决遏制高耗能、高排放行业盲目发展。"十四五"要严把新上项目的碳排放关，防止碳排放攀高峰。推动能源、钢铁、有色、石化、化工、建材等传统产业优化升级。发展新一代信息技术、高端装备、新材料、生物、新能源、节能环保等新兴产业。发展智能制造与工业互联网。控制氢氟碳化物等非二氧化碳温室气体在相关工业行业的排放。

三是推进节能低碳建筑和低碳基础设施。建筑部门占终端碳排放约20%，城市和乡村建设都要落实绿色低碳要求。合理控制建筑规模，杜绝大拆大建。推进既有居住建筑节能更新改造，持续提高新建建筑节能标准。加快发展超低能耗、近零能耗、低碳建筑，鼓励发展装配式建筑和绿色建材。在基础设施建设、运行、管理各环节落实绿色低碳理念，建设低碳智慧型城市和绿色乡村。

四是构建绿色低碳交通运输体系。交通部门占终端碳排放约10%，随着城镇化的推进和生活水平的提高，未来一段时期内还呈增长趋势，力争加快形成绿色低碳、多元立体的运输方式。优化运输结构，提高铁路、水运、海运、航空等低碳运输方式比重，建设绿色机场和绿色港口。优先发展公共交通等绿色出行方式。发展电动、氢燃料电池等清洁零排放汽车，建设加氢站、换电站、充电站。

五是发展循环经济。提高资源能源利用效率，从源头上实现经济发展与碳排放和污染物排放脱钩。加强该领域相关立法，坚持生产者责任延伸制度。推进产业园区循环化发展，促进企业实施清洁生产改造。提高矿产资源综合利用水平，推动建筑垃圾资源化利用。建设现代化"城市矿产"基地，促进再制造产业发展。推进生活垃圾和污水资源化利用。加强塑料污染全链条治理。建立完善让所有参与方都受益的商业模式。

六是推动绿色低碳技术创新。技术创新是实现碳达峰碳中和的关键，要加快绿色低碳科技革命。研究发展可再生能源、智能电网、储能、绿色氢能、电动和氢燃料汽车、碳捕集利用和封存、资源循环利用链接、可控核聚变等成本低、效益高、减排效果明显、安全可控、具有推广前景的低碳零碳负碳技术。

七是发展绿色金融以扩大资金支持和投资。资金投入是实现碳达峰碳中和的保障。建立健全有利于绿色低碳发展的财政投入体系，加大公共资金支持力度，发挥公共资金引导与杠杆作用，鼓励吸引社会资本参与绿色投资，设立相关产业投资基金。建立完善绿色金融体系，设立碳减排货币政策工具，补充完善《绿色债券支持项目目录》和《绿色产业指导目录》，支持金融机构发行绿色债券，创新绿色金融产品和服务。研究设立国家绿色低碳转型基金。

八是出台配套经济政策和改革措施。加快应对气候变化立法，健全生态环境、清洁能源、循环经济等方面法律法规和标准。深化电力体制改革。完善电价形成机制以及差别化用能价格政策，对节能环保、可再生能源、循环经济、低碳零碳等技术、产品、项目、企业在财政、税收、价格上实行鼓励性的政策。

九是建立完善碳交易市场。碳交易机制以尽可能低的成本实现全社会减排目标。2021 年 7 月首先在电力行业启动了全国碳市场上线交易。今后逐步覆盖钢铁、石化、化工、建材、造纸、有色、航空等重点排放行业，将碳汇纳入碳市场，丰富交易品种和方式。

十是实施基于自然的解决方案。保护、修复、管理自然生态系统的相关行动，有助于增加碳汇、控制温室气体排放、提高适应气候变化的能力、保护生物多样性。不断强化森林、草原、湿地、沙地、冻土等生态系统保护，科学划定并严守生态保护红线，实施重大生态修复工程，持续推进大规模国土绿化。加强农田管理，发展生态绿色农业，提高气候适应能力，保障粮食安全。发展"蓝碳"，保护和修复海岸带生态系统，提升红树林、海草床、盐沼等固碳能力。

以上十个方面基本明确了我国实现碳达峰碳中和的路径，将在"1+N"政策体系中具体化并做到可操作。我们已制定并基本完成了 2030 年前碳达峰行动方案，作为"1+N"政策体系"N"中为首的文件，其中重点规划实施十大行动，即能源绿色低碳转型行动、节能降碳增效行动、工业领域碳达峰行动、城乡建设碳达峰行动、交通运输绿色低碳行动、循环经济助力降碳行动、绿色低碳科技创新行动、碳汇能力巩固提升行动、绿色低碳全民行动、各地区梯次有序碳达峰行动以及相关政策保障，确保实现 2030 年前碳达峰目标。

中国碳达峰碳中和"1+N"政策体系已基本建立

在顶层设计文件出台后，中央层面已有十余项"N"系列"双碳"政策陆续发布。根据"N"政策的内容和实施方式，可以将其分成两个维度。一是针对重点领域和行业实施的"双碳"政策。作为"N"中为首的政策文件，

《2030 年前碳达峰行动方案》的十大行动已经明确了"N"的政策范围包括能源、工业、城乡建设、交通运输、农业农村等重点领域和行业，也包括科技支撑、碳汇能力、统计核算、督察考核等支撑措施和财政、金融、价格等保障政策。二是各省具体实施的"双碳"政策。在具体的碳达峰实施方案设计中，遵循由上至下的任务分解方式，各省份将按照中央顶层设计文件制定本地区碳达峰行动方案。自从《行动方案》出台以来历经半年有余，这一系列"N"政策文件不断丰富扩充，为碳达峰碳中和工作的总体行动，以及各重点领域和行业、各省份碳达峰碳中和行动提供政策文件支撑。整体来看，目前"N"系列政策文件的重点领域和行业覆盖的碳排放量占比近 95%。

中国碳排放量长期保持最高的前三行业分别是电力、钢铁和水泥行业，2019 年全年碳排放量分别约 46.42 亿吨、18.53 亿吨和 11.12 亿吨，占全国碳排放量比重约为 47.39%、18.92% 和 11.25%。电力、钢铁和水泥行业是"双碳"政策重点关注的领域，"双碳"相关政策文件均于 2022 年 2 月底前率先出台。2022 年 1 月国家发改委、国家能源局发布《"十四五"现代能源体系规划》，对大力发展非化石能源，推动构建新型电力系统作出部署。2022 年 1 月，工信部等 3 部门发布《关于促进钢铁工业高质量发展的指导意见》，提出钢铁行业 2025 年阶段性目标和 2030 年达峰目标。2022 年 2 月，国家发改委发布《水泥行业节能降碳改造升级实施指南》，提出了到 2025 年水泥行业实现能效标杆水平以上的熟料产能比例达到 30% 的目标。

除这三个行业外，交通运输、生活源（城市和农村）、石化化工、农业、有色金属、建筑的碳排放也被纳入"双碳"政策覆盖范围，2019 年全年碳排放量分别为 7.32 亿吨、4.26 亿吨、3.35 亿吨、0.91 亿吨、0.65 亿吨和 0.44 亿吨，占碳排放总量比重共计约 17.30%。上述领域或行业的"双碳"政策在 2022 年 3 月之后陆续出台。例如，2022 年 3 月交通运输部等 4 部门联合发布《新时代推动中部地区交通运输高质量发展的实施意见》，提出中部地区 2025 年和 2035 年发展目标。2022 年 4 月工信部等 6 部门发布《关于"十四五"推动石化化工行业高质量发展的指导意见》，提出到 2025 年石化化工行业产能利用率达到 80% 以上等具体目标。2022 年 3 月，住房和城乡建设部发布《"十四五"住房和城乡建设科技发展规划》，聚焦城乡建设绿色低碳技术研究等 9 个方面技术突破。此外，有色金属、石化化工等重点行业碳达峰实施方案已经编制完成，后续将按统一要求和流程陆续发布。

2. 碳达峰碳中和与技术

科技创新是做好碳达峰碳中和的关键和重要支撑。支撑碳达峰碳中和的技术一般称为气候友好型技术或应对气候变化技术，其并不是单一技术，而是由一系列技术组成的系统性技术体系。根据不同的标准，碳达峰碳中和技术有多种分类方法。这里我们主要介绍由零碳电力系统、低碳 / 零碳化终端用能技术、负排放技术以及非二氧化碳温室气体减排技术四大类技术构成的碳中和愿景的技术体系。其中前三项是二氧化碳净零排放技术体系的重要支撑。

零碳电力系统

能源系统尽快实现零碳化是我国碳中和愿景的必要条件之一，这对零碳电力系统提出了更高要求。电力系统的快速零碳化是实现碳中和愿景的必要条件之一。其重点是以全面电气化为基础，全经济部门普及使用零碳能源技术与工艺流程，完成从碳密集型化石燃料向清洁能源的重要转变。这既需要大力发展传统可再生能源电力（如风能、光伏、水电），还要大幅度提高地热、生物质、核能、氢能等非传统可再生能源在供能系统里面的比例。为了支撑这类高比例的可再生能源供电，需要匹配上强大的储能系统和智能电网，从而完成能源利用方式的零碳化。

工业、交通、建筑等多部门实现碳中和均依赖零碳电力系统，在各部门全面电气化的基础上，全经济部门需要普遍使用零碳的电力，完成能源系统从碳密集型化石燃料向清洁能源的转变，从而实现能源利用方式的零碳化。在我国实现碳中和的达峰期、平台下降期及中和期三个阶段，新能源技术均将承担重要角色。2030 年前达峰期需推广节能减排技术、可再生能源技术；2050 年前平台下降期主要减排手段集中为脱碳零碳技术规模化推广与商业化应用，脱碳燃料、原料和工艺全面替代；在 2060 年前中和期中，脱碳、零碳技术将进一步推广，全面支撑碳中和目标实现。碳中和愿景将引发能源革命，重构能源产业，以低碳为核心，能源系统中的煤炭等化石能源将逐步被新能源取代，能源系统向绿色、低碳、安全、高效转型，实现电气化、智能化、网络化、低碳化。零碳电力系统包括三个部分：零碳电源、储能和电网。碳中和愿景下的新型电力系统包括以可再生能源（光伏、风能、水力等）为核心的零碳电力生产端、以规模化储能技术为支撑的零碳电力使用端和以智能电网为核心的零碳电力分配端。同时，新能源汽车、物联网、人工智能等多个战略新兴技术产业也将共同支撑能源系统安全稳定运行。

零碳电源技术是构建零碳电力系统的核心。目前比较成熟的技术包括风力、光伏、水力、生物质能源、地热和潮汐能、核能等发电技术。风电和光伏发电是较为成熟的零碳电源技术，具有正面的就业、局地环境和健康效益，以及相对较高的技术成熟度和公众接受度，发电成本已随装机容量的增加而下降至与传统火电相比具有商业竞争力的水平，在经济成本和技术水平上均具有较为明显的优势。水电具有技术成熟度较高、能源密度高以及经济性优良的特点，长期以来在我国能源系统的低碳转型中发挥着重要作用。然而，水电资源相对有限，随着各流域的下游地区首先完成开发，未来可开发的水电资源主要集中在四川、云南、青海、西藏等中上游地区，开发造价成本持续上升，发展潜力有限。核能技术包括已达到实用阶段的重核裂变和尚处于研究试验阶段的轻核聚变。与光伏或生物质发电相比，核电具有更加显著的减排效益和更加积极的就业红利；但核电也面临着来自供应链建设、经济性、核安全、政治因素、公众接受度等多方面的挑战。地热资源包括温泉、通过热泵技术开采利用的浅层地热能、通过人工钻井直接开采利用的地热流体以及干热岩体中的地热资源等，具有储量丰富、分布较广、稳定可靠、能源利用系数高的优点，但是同时也受到资源分布不均衡、勘查程度较低、核心技术欠成熟和政策管理体制不成熟的制约，总体上还处于起步阶段。生物质能源的来源包括污泥、农林残留物、能源作物、多年生木质纤维素植物等。生物质能技术相对成熟，但废弃物生物质总量偏低，而生物质能源作物的大规模发展又可能带来占用土地资源、增加水资源压力等生态风险。

由于未来零碳新能源的分布式特性，储能系统、电网及电源结构将会发生根本性的变革。着眼于2060年碳中和愿景，氢储能、氨储能、电化学储能三种储能方式被认为是未来需要持续发展的技术。不同储能方式在储能时长、储能效率、储能规模上各有所长。对短期与低容量输电来说，电池储能系统是最快与最方便的办法之一，但是如果要长期储电或是大规模应用，氨气储能系统可能更有效。电网的调度模式和能力将极大程度地影响能源的利用效率，催生了电网智能化调度、智慧能源服务、电网智能控制的出现。电网系统需要从传统聚焦稳定性、可靠性、坚强性的集中性网络，向更加智能、灵活的分布式网络进化。

低碳、零碳终端用能技术

实现碳中和不仅需要能源来源的低碳化，也需要终端使用侧作出脱碳努力。低碳/零碳终端用能技术往往具有减排成效显著、减排成本较低、减排收益显著等特点。但从减碳方式上，该类技术可分为两个方向：一是通过结构调整、产品替代、工艺再造、行为改变来提高单位产出的用能效率、减少能源消费；二是通过新型燃料替代、电气化替代来减少终端能耗过程中化石能源的直接使用进而减少碳排放。低碳、零碳的终端用能技术分为五大类：节能、电气化、燃料替代、产品替代与工艺再造，以及碳循环经济。节能技术几乎适用于所有终端用能部门，这类技术可以通过提高能效、调整结构和转变生活方式，在保证人们生活水平的前提下实现脱碳。根据国际能源署的估算，建筑行业可以通过高效烹饪、高效供冷供热技术、低碳设计等方法对全球能源效率提升作出超过 40% 的贡献。交通部门的节能主要包括传统燃油载运工具的降碳技术、运输结构的优化调整、运输装备和基础设施用能清洁化等。工业生产过程中节能技术涉及范围较广，相关技术繁多，总体上是通过实现换热流程优化、设备效率提升、数字化转型来提高系统能源效率。

电气化是实现碳中和的重要推动力，是配合低碳或零碳能源供应实现能源系统碳中和的重要工具。据估算，中国当前人类活动温室气体排放量的脱碳约 50% 将通过使用清洁电力来实现，包括交通运输系统的电气化、生产绿色氢能和各种工业流程的电气化。交通电气化为 5G 通信、人工智能、大数据、超算等前沿技术的接入提供了空间，未来这些前沿技术与车路协同系统的融合发展将成为帮助交通部门脱碳的重要技术趋势。在建筑部门，照明、制冷、家用电器等已基本实现电气化，热泵供暖将成为电气化技术早期部署的关键领域。预计到 2030 年，全球家庭热泵取暖使用比例将提高到 22%，这将为建筑部门减少 50% 的碳排放。

新型燃料替代是终端用能领域实现零碳化必不可少的技术。氢能可用于燃料替代以应对减排难度最大的 20% 温室气体排放，例如交通业可利用氢＋燃料电池解决长距离运输问题，工业生产可以利用氢解决钢铁和化工业的高排放问题，建筑业可以通过在天然气网掺混氢气降低燃气供热碳排放。生物质从全生命周期的角度看具有近零碳排放的属性，从而具有良好的气候效应，在北方农村清洁供暖、交通运输，以及水泥、钢铁、化工等工业领域均有广阔的应用空间。

产品替代与工艺再造是适用于工业部门的低碳终端用能技术。产品替代主要体现在混凝土和钢铁等建筑材料方面。例如，煅烧黏土和惰性填料是减少水泥熟料含量的被最广泛使用的方法，据估计，通过该种方法每年可减少水泥行业6亿吨二氧化碳的排放量。另外，通过智能化、新技术、新装备及具有颠覆性的节能工艺等工业流程再造技术研发，可降低工业生产的能耗，提高能源和资源利用率，有效降低碳排放。

循环经济是以再生和恢复为基础的经济模式，其目标是让经济增长不再依赖有限的资源，转而打造更加坚韧、可持续的经济社会系统。循环经济策略在工业领域有巨大的减排潜力，这类策略包括在产品设计源头避免废弃、重复使用产品和部件、材料再循环等。据测算，若在水泥、钢铁、塑料和铝四大关键工业领域运用循环经济策略，则能在2050年前减少其40%的二氧化碳排放量，约为37亿吨。循环经济策略不仅具有减排潜力，也具有较高的成本效益。通过共享商业模式、高质量回收利用、在建筑施工过程减少废弃等举措有望实现负减排成本，即在减排的同时创造收益。

负排放技术

负排放技术又称为碳移除技术（Carbon Dioxide Removal, CDR），是快速碳中和不可或缺的关键技术。随着碳中和概念的提出和地球碳循环宏观视角的扩大，负排放技术也逐渐被用来总括所有能够产生负碳效应的技术路径。碳移除可分为两类：一是基于自然的方法，即利用生物过程增加碳移除，并在森林、土壤或湿地中储存起来；二是技术手段，即直接从空气中移除碳或抑制天然的碳移除过程以加速碳储存。

陆地碳汇是重要的基于自然的解决方法，按照介质分为林地、草原、农田和湿地碳汇。林地碳汇主要通过提升森林蓄积量和森林改造进行，具体手段包括森林保护、封山育林、森林抚育、林分改造、森林可持续经营等森林减排增汇技术措施；草原碳汇提升需要保护草原和防止过度开垦放牧，包括建立草原生态补偿的长效机制、实施退牧还草工程；农田碳汇主要通过提高农田生产率和改善土壤质量实现吸收固定碳的功能，特别是提升农田土壤有机质含量，能够增强土壤对温室气体吸收和固定；湿地碳汇的增加主要通过湿地的总量增加和生态恢复实现，主要方式包括保护湿地、湿地生态恢复与重建、增加湿地面积等。

碳捕集、利用与封存 (Carbon Capture，Utilization and Storage，CCUS) 技术一直被认为是实现化石能源真正清洁利用的唯一解决方案。CCUS 技术的主要原理是阻止各类化石能源在利用中产生的二氧化碳进入大气层。在碳中和目标下，化石能源在能源消费体系中面临大幅度下降，最终将保留一定的占比以支持电力系统稳定、难脱碳工业部门和其他部门的应用等。这部分化石能源的利用需要匹配 CCUS 技术以保证其净零排放的目标。CCUS 技术作为一项可实现化石能源大规模低碳利用的技术，是未来我国实现碳中和与保障能源安全不可或缺的技术手段。

生物能源与碳捕获和封存 (Bioenergy with Carbon Capture and Storage，BECCS) 以及直接空气碳捕集与封存 (Direct Air Carbon Capture and Storage，DACCS) 是以传统的 CCUS 技术为基础发展而来的负排放技术，BECCS 是通过生物能源在生长过程中的光合作用捕集和固定大气中的二氧化碳，DACCS 则是利用人工制造的装置直接从空气中捕集二氧化碳。由此可见，相比传统的 CCUS 技术，BECCS 和 DACCS 能够实现大气中二氧化碳浓度的降低，是真正实现"负排放"的技术手段，且捕集装置的分布地点可以更加灵活便捷。

无论是 BECCS，还是 DACCS，二者的大规模发展以 CCUS 技术的成熟商业化应用为基础，当前还处于示范阶段，技术成本依旧是制约其发展的重要因素。DACCS 当前还处于基础研究阶段，其成本为 134 ～ 345 美元 / 吨，但也可能是二氧化碳去除潜力最高的负排放技术。相比 DACCS，BECCS 技术在价格上更具有落地潜力，其成本为 15 ～ 85 美元 / 吨 。同时，广泛存在的生物能源原料也为 BECCS 的快速发展提供了现实可能。不过 BECCS 的广泛部署依然依赖于 CCUS 技术的大规模成熟应用，而当前制约 CCUS 技术的成本因素自然也成为 BECCS 技术快速发展的限制因素之一。

3. 碳达峰碳中和与能源

　　能源供应部门把一次能源转化成其他能源，即电、热、油品、焦炭、天然气、精煤等终端能源，包括能源开采、转换、存储和输配环节，为终端利用部门（工业、建筑、交通、农林业等）提供能源供应。能源供应部门是最大的温室气体排放贡献部门。从历史排放趋势来看，近 10 年（2010—2019年）全球主要部门温室气体排放量继续上升。截至 2019 年，能源部门依旧是全球直接排放的主要贡献部门（200 亿吨，34%)。能源系统低碳转型是实现《巴黎协定》温升控制目标的关键，但面临着较大的技术、经济或者社会接受性方面的障碍和挑战。可再生能源得到快速发展，但是除水电外，其他可再生能源不仅面临着政策支持或者财政补贴逐渐退坡的压力，同时面临着电力供应不稳定和间歇性的技术和成本挑战。核电是一种成本具有竞争力的成熟低碳技术，但面临着公众接受度的考验。

　　改革开放以来，我国经济持续高速增长，已成为世界第二大经济体，工业化和城镇化进程不断加快，人民生活水平不断提高，能源消费和二氧化碳排放也随之快速增长。2005 年和 2009 年，我国二氧化碳排放和能源消费总量先后超过美国，成为世界第一。我国能源生产碳排放占能源活动碳排放的47%，其中电力是最主要的排放行业，火力发电碳排放占能源活动碳排放的41%，近 10 年仍以年均 5% 的速度增长，热力生产、其他转换加工环节碳排放占比分别为 4%、2%。电力行业是能源生产减排关键，必须加快以清洁能源替代化石能源，重点是严控煤电总量、尽快实现达峰，水风光并进、集中式与分布式并举发展清洁能源发电，从源头上减少化石能源用量。

化石能源

煤电是我国碳排放的主要来源之一。我国电源结构以煤电为主，截至 2020 年底，煤电装机容量、发电量分别达 10.8 亿千瓦、4.6 万亿千瓦时，占全国电源总装机容量、总发电量的 49%、61%。我国煤电消费的煤炭约占全社会煤炭消费总量的 50%，排放二氧化碳约占能源活动碳排放总量的 40%，同时还排放了约占全社会总量 15% 的二氧化硫、10% 的氮氧化物及大量烟尘、粉尘、炉渣、粉煤灰等污染物（图 7）。我国是全球煤电装机容量第一大国，煤电装机容量和发电量均占全球总量的一半以上。当前，我国煤电装机容量仍继续增长，过去 10 年年均净新增装机容量超过 4000 万千瓦，占全球

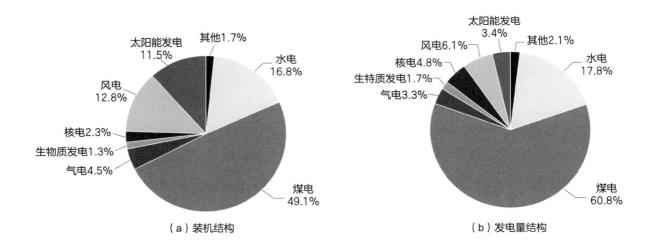

（a）装机结构　　　　　　　　　（b）发电量结构

图7　2020年我国电源装机结构和发电量结构

净新增煤电装机容量的 80% 以上。

实现煤电尽早达峰、尽快下降是 2030 年前碳达峰的关键。未来一段时间内，我国油气消费量还将持续上升，在航空航天、化工制造等领域，短时间内缺乏有效替代方案，预计油、气消费分别到 2030、2035 年左右才能实现达峰。与工业、交通、建筑等终端能源消费领域减排相比，以清洁能源发电替代煤电技术成熟、经济性好，易于实施，是最高效、最经济的碳减排措施。据统计，过去 30 年，英国煤电退出贡献了整体碳减排量的 40% 以上。

我国煤电加快转型、退出迫在眉睫。为实现"双碳"目标，必须下定决心，加快煤电装机容量达峰并尽快下降。坚持市场引导与政府调控并重，控制总量、转变定位、优化布局。同时，加快对现有燃煤电厂加装碳捕集与封存设备，实现现有煤电机组低碳化。在尽早达峰阶段，严控东中部煤电新增规模并淘汰落后产能，开展煤电灵活性改造，推动煤电从基荷电源向调节电源转变，为清洁能源发展腾出空间。在快速减排阶段和全面中和阶段，煤电加快转型，逐步有序退出，循序推进燃氢发电、燃气发电、生物质掺烧等形式替代煤电，并通过加装碳捕集与封存设备，实现碳净零排放。

对于气电部分则应立足国情和资源禀赋，科学适度发展。重点在部分调节资源不足地区适度发展气电作为调峰电源，充分利用燃气机组启停快、运行灵活等优势，平抑清洁能源与负荷波动。同时，通过加装碳捕集与封存设备，降低燃气机组的碳排放强度。

清洁能源

水、风、光等清洁能源分布广泛，实现碳达峰和碳中和目标必须加快清洁能源开发，使其成为能源供应主体，以清洁、绿色方式满足经济社会发展用能需求。习近平总书记指出发展清洁能源是改善能源结构、保障能源安全、推进生态文明建设的重要任务。

太阳能发电

我国太阳能资源丰富，技术可开发装机容量超过 1172 亿千瓦，目前开发率仅为 0.2%，大规模开发完全能够满足我国能源需求。我国太阳能资源主要集中在西藏、青海、新疆中南部、内蒙古中西部、甘肃、宁夏等西部和北部地区，年平均辐照强度超过 1800 千瓦时／平方米，是东中部地区的 1.5 倍。2020 年，我国太阳能发电总装机容量 2.5 亿千瓦、发电量 2611 亿千瓦时，占全国总装机容量和总发电量的 11.5% 和 3.4%，其中西部、北部地区装机容量占比 56.7%。自 2010 年来，我国光伏装机容量增长超过 560 倍，年均增速 88%；"十三五"期间共新增装机容量 2.1 亿千瓦，平均每年新增装机容量 4225 万千瓦。

太阳能发电成本快速下降。2018 年我国光伏发电度电成本较 2012 年已下降超过 50%，青海光伏"领跑者"项目最低中标价格已低至 0.31 元／千瓦时。未来，随着太阳能发电规模化发展和技术进步，发电成本将显著下降。预计到 2030 年，光伏发电规模化开发的平均度电成本预计将降至 0.15 元／千瓦时，光热发电平均度电成本有望降至 0.56 元／千瓦时；到 2050、2060 年，光伏发电规模化开发的平均度电成本有望降至 0.1、0.07 元／千瓦时，光热发电平均度电成本有望降至 0.33、0.3 元／千瓦时。

未来应坚持集中式和分布式开发并举，电源布局与市场需求相协调，持续扩大太阳能发电规模，不断提高太阳能发电在电源结构中的比重。加快开发西部、北部大型太阳能基地，充分利用太阳能资源和沙漠、戈壁土地资源优势，重点集中开发新疆、青海、内蒙古、西藏等西、北部大型太阳能基地。同时，在东中部地区合理利用厂房屋顶、园林牧草和水塘滩涂，因地制宜发展分布式光伏。

风电

我国风能资源丰富，陆上风电的技术可开发装机容量超过 56 亿千瓦，开发率仅为 5%。风能资源主要集中在"三北"地区和东部沿海地区，年平均风功率密度超过 200 瓦／平方米，是东中部地区的 4 倍。2020 年，我国风电装机容量、发电量分别达到 2.8 亿千瓦、4665 亿千瓦时，近十年年均增速分别高达 24.6%、25.2%，装机容量、发电量占比分别达到 12.8%、6.1%，已成为我国继煤电、水电之后的第三大电源。目前风电成本快速下降，全球陆上风电平均度电成本已降至 0.33 元／千瓦时，海上风电降至 0.55 元／千瓦时，我国陆上风电度电成本 2018 年较 2012 年已下降 25%。从 2021 年 1 月1 日开始，我国新核准陆上风电项目已全面实现平价上网。未来，随着风电规模化发展和技术革新，发电成本将显著下降。未来应立足我国风能资源禀赋，着力集约高效开发"三北"大型风电基地、东南沿海海上风电基地，因地制宜发展东中部分散式风电。

水电

我国水力资源的技术可开发装机容量为 6.6 亿千瓦，年发电量达 3 万亿千瓦时，到 2020 年已开发率约 50%。待开发水能资源中，82% 集中分布在西南地区的云、贵、川、渝、藏 5 省（区、市），适宜规模化集中开发。2020 年，我国常规水电装机容量达到 3.4 亿千瓦，抽水蓄能装机容量达到 0.31亿千瓦，占总电源装机容量的 16.8%；水电发电量达到 1.36 万亿千瓦时，占总发电量的 17.8%。水电是仅次于火电的第二大电源。水电是现阶段经济性最好的电源，全球水电平均度电成本在 0.25 ～ 0.5 元／千瓦时，低于火电、风电和光伏发电的平均水平。考虑到技术进步装备成本下降、水电资源开发条件日趋复杂等多重因素的作用，预计水电度电成本将稳定在 0.3 ～ 0.5 元／

千瓦时范围或小幅上涨。未来应重点加快开发投运乌东德、白鹤滩、金沙江上游、雅砻江、澜沧江、怒江水电基地，优化开发西北黄河上游水电基地。

核电

2020 年，我国核电装机容量达到 4989 万千瓦，占总装机容量的 2.3%，平均利用小时数高达 7453 小时，设备平均利用率约 85%。我国已储备一定规模的沿海核电厂址资源，主要分布在浙江、江苏、广东、山东、辽宁、福建、广西。核电是高效稳定的清洁电源。与化石能源发电相比，核电生产不排放二氧化硫、氮氧化物等大气污染物和二氧化碳等温室气体。与风电、光伏发电相比，核电单机容量大、运行稳定、利用小时数高，可以实现大功率稳定发电，更适合作为基荷电源。核电还具备一定调峰能力，近年来美国、德国、法国等国家的核电机组已适度参与日调峰。核电作为稳定的清洁能源，是替代化石能源、构建低碳能源体系的有益补充，但受到经济性、社会环境等因素制约难以大规模发展。未来随着高比例可再生能源接入电力系统，核电机组可为促进清洁能源消纳、保障电力系统安全稳定运行发挥一定作用。在确保安全前提下适度发展核电。在提高效率作为基荷电源的同时，注重发挥其参与调峰的潜力。重点攻关方向包括快堆配套的燃料循环技术研发、解决核燃料增殖与高水平放射性废物嬗变问题，并积极发展模块化小堆，如小型模块化压水堆、高温气冷堆、铅冷快堆等堆型。

生物质燃料

生物质燃料是可再生能源，植物通过光合作用将二氧化碳和水合成生物质，生物质燃烧生成二氧化碳和水，形成二氧化碳的循环。因此，生物质燃料是全生命周期零碳排放能源。我国生物质资源总量有限，应立足国情和资源禀赋，科学发展生物质燃料。建立系统合理的收集利用体系，按照能源、农业、环保"三位一体"格局，走规模化、产业化、集约化发展道路，积极发展生物质发电与热电联产，以及气化、液化等现代生物质燃料。科学规划生物质燃料应用，优先应用于经济性有优势或其他减排困难的领域，如航空、航海等领域。加强生物质资源生产与收集，建立生物质资源收集、储存、运输管理政策和机制，理顺生物质资源及其产品价格形成机制，保护和调动农民生产积极性。加强生物质燃料开发利用技术研究，建立国家级生物质燃料技术开发应用中心和实验研究中心，重点加强生物质能源化利用技术攻关，加快成套设备国产化，提高生物质燃料经济性。加大生物燃料示范与推广力度，推动生物质成型燃料在乡村居民采暖中的应用，稳步发展生物质、垃圾焚烧发电，推广生物柴油在长途货运中的应用。

电制燃料

电制燃料能够在无法直接电能替代的领域广泛应用，是连接清洁电力与部分终端能源消费领域的"纽带"，是实现终端领域低碳转型的重要解决方案。氢等电制燃料可为许多难以直接电能替代的终端用能领域提供碳中和解决方案，使其摆脱对化石能源的依赖。例如，钢铁作为工业中最大的二氧化碳排放行业，可通过使用废铁和氢直接还原铁技术实现低成本脱碳。在交通领域，电制燃料的应用更值得关注，燃料电池汽车正成为除电动汽车外的另一种高效可行的低碳出行方案，例如在功率和运行时间要求很高的领域，包括重型矿车、重型卡车和远程汽车等。航空业则可以通过液氢和其他氢基燃料实现短程至中程航空脱碳，使用合成燃料实现远程航空脱碳。

4. 碳达峰碳中和与工业

　　工业部门也是全球温室气体直接排放的主要贡献部门。截至 2019 年，工业排放占全球直接排放的 24%，仅次于能源部门的排放。工业也是中国能源消耗和温室气体排放的主体，也是节能减排潜力最大的部门。当前，中国工业产出规模、能源消费和二氧化碳排放均居世界首位。中国工业终端能源消费量达 28.3 亿吨标准煤，占中国终端能源消费总量的 64.8%，占全球工业终端能耗总量的 36.1%，比经合组织国家工业终端能耗总量高 25%。

　　从行业结构看，中国工业能源消费主要来自电力、钢铁、建材、石化、化工、有色金属等六大高耗能行业，其中钢铁、建材、化工三大高耗能行业排放占比分别达 17%、8%、6%。中国工业二氧化碳排放主要来自能源工业，二氧化碳排放量高是工业能源消费总量大和以煤为主的能源结构等多种因素的综合作用结果。要实现碳达峰、碳中和目标，必须加快推动高耗能、高排放领域用能结构调整、能效提升，推动以电代煤、以电代油、以电代气，从用能源头减少能源消费和碳排放；同时，加快工业产业结构转型升级，构建科技含量高、资源消耗低、环境污染少的现代化工业体系，提高在全球产业分工中的地位。

　　改革开放以来，我国利用劳动力、土地与资源环境成本相对较低的优势，大力吸引国外资本与技术，实现劳动密集型产业、重工业快速发展，形成了较为完善的产业体系。但同时，我国经济发展模式依然呈现传统粗放型特征，产业链仍处于全球价值链中低端水平，以劳动密集型和资源密集型重工业为主，传统"三高一低"（高投入、高能耗、高污染、低效益）产业占比仍然较高，特别是第二产业中钢铁、建材、化工等高耗能、高排放产业占比居高不下；第三产业占比低于世界平均水平，技术密集型、知识密集型产业占比偏低。

实现碳中和目标，必须加快战略性新兴产业、绿色产业和现代服务业发展，促进传统高耗能、高污染产业低碳转型，提高经济质量效益和核心竞争力，高质量建设现代化产业体系、现代化经济体系和现代化经济强国，实现绿色低碳和可持续经济增长。

培育战略性新兴产业　战略性新兴产业在我国新发展阶段具有拉动经济增长、创造就业岗位、促进低碳发展的引擎作用。应大力发展新一代信息技术、高端装备制造、新材料、生物新能源、新能源汽车等知识、技术密集型产业。加强统筹规划、财税金融支持、科技研发投入，调动各方面积极性，推动重大技术突破，加快形成先导性、支柱性产业；鼓励企业跨行业跨区域跨所有制兼并重组，提高产业集中度和资源配置效率，增强国际竞争力；推进战略性新兴产业与大数据中心、电动汽车充电网络等新型基础设施高效联动发展；集聚政产学研要素，依托产业集群、示范园区、产城融合等模式协同推进战略性新兴产业规模化发展。

推动绿色产业跨越式发展　绿色产业发展是实现碳中和与经济稳健增长的重要抓手。应推动建立可量化、可核查、可报告的绿色产业发展指标，强化产品全生命周期绿色管理，发挥企业在绿色技术研发、成果转化、示范应用和产业化中的主体作用。构建市场导向型的绿色技术创新体系，加强绿色制造关键核心技术攻关，加快突破一批原创性、引领性绿色技术。完善绿色金融体系建设，促进气候友好型产品开发和项目投融资，形成成熟的绿色信贷、绿色债券、绿色股票指数、绿色保险、碳金融等金融工具体系。

发展壮大现代服务业　发展高技术含量、高附加值、低碳排放的现代服务业是实现碳中和的重要内容，符合产业发展规律和经济发展趋势，将成为经济增长的新动力。要以市场需求为导向，引导资源要素合理集聚，构建结构优化、水平先进、开放共赢、优势互补的服务业发展格局。推动生产性、生活性服务业向中、高端发展，促进技术创新和商业模式创新融合，重塑现代服务业技术体系、产业形态和价值链。在巩固传统业态基础上，积极拓展新型服务领域，进一步扩大对外开放、放宽市场准入、增需扩容，不断培育形成服务业新的增长点。在全球和区域经贸合作框架下，大力发展服务贸易，积极推动生产型服务业向专业化和价值链高端延伸，提升国际竞争力，扩大服务贸易出口。

5. 碳达峰碳中和与农业、林业和其他土地利用

农业、林业和其他土地利用（AFOLU）对粮食安全和可持续发展起着至关重要的作用。在自然和人为活动的影响下，农业、林业和其他土地利用既是重要的二氧化碳吸收汇，也是二氧化碳、甲烷和氧化亚氮的重要排放源。厌氧条件下的稻田、动物肠道、动物粪便和湿地产生大量甲烷，土壤和肥料中氮在消化和反硝化过程中产生氧化亚氮。据 IPCC 评估，2007—2016 年 AFOLU 温室气体排放占人为温室气体排放总量的 22%。农业年均温室气体排放量为 62.14 亿吨二氧化碳当量；林业和其他土地利用方式年均温室气体排放量为 58.26 亿吨二氧化碳当量。改善农田水肥管理、改善动物管理和放牧管理、提高畜禽粪便资源化利用比例、减少草地开垦、增加农林复合系统等技术措施具有较高的甲烷和氧化亚氮减排潜力和固碳潜力；造林和森林经营管理、防止毁林和森林退化是增加森林生态系统碳储量的重要举措。农林业较低成本的减排技术其减排固碳潜力巨大，且具有降低空气、水体和土壤等环境污染的协同效应。

实施 AFOLU 减排技术或措施，需要克服社会经济、机制、生态和技术等层面的障碍。在"社会经济"层面，制定和实施金融机制是能否成功实现 AFOLU 减排潜力的关键；资金来源和渠道是另一个障碍因素；贫困问题则限制了实施 AFOLU 减排技术或措施。此外，文化价值和社会认知度决定了减

排技术或措施的可行性。在机制层面，建立透明、高效的管理机制对于可持续地实施 AFOLU 减排措施至关重要，尤其是对于小规模的农户（林农），例如明确土地所有权和使用权、强化监督、明确碳所有权等。在生态层面，资源短缺是重要的生态限制因子，因此需要从短期和长期优先的角度，权衡可利用的土地和水资源。土壤条件、水资源、温室气体减排潜力，以及自然变率和韧性，也是能否实现 AFOLU 减排技术或措施的影响因素。在技术层面，考虑已经成熟的减排技术（如造林、农地和牧草地管理、改进畜禽饲养等）和尚处于研发阶段的技术（如畜禽饲料添加、作物特性管理等）。科学交流、技术资料与学习；监测、报告与核查（MRV）能力；技术升级与技术转让等。

经历了几十年的高速发展，AFOLU 部门在供给中国人民饮食和美好居住环境的同时，在国际气候治理的舞台上也发挥着越来越重要的作用。然而，AFOLU 部门仍面临较大的减排压力，2014 年中国农业活动温室气体排放量为 8.30 亿吨二氧化碳当量，占中国温室气体排放总量（不包括 LULUCF）的 6.7%，即使土地利用、土地利用变化和林业（LULUCF）净吸收温室气体 11.15 亿吨二氧化碳当量可作为补偿，但 AFOLU 排放量较大、计量及减排潜力存在较大不确定性的问题仍相当突出。

目前 AFOLU 适用的减排技术措施包括：农田水肥优化管理、生物多样性、畜禽饲喂提升技术、畜禽粪便处理与资源化利用、造林和林产品管理、湿地植被恢复与重建等，其筛选均围绕激发土地潜在服务功能和确保粮食安全等核心问题。

综合来看，实施 AFOLU 减排技术措施，需要克服社会经济、机制、生态和技术等层面的障碍。与此同时，还需要政府加大相关政策的制定和推行，比如降低农田氮素盈余；对减排增汇技术措施进行专项补贴；优先将农业减排增汇项目纳入自愿减排碳市场；推进农业产品加工、储存、运输以及消费全链条减排行动。采取这些相应的政策措施之后，AFOLU 才能更好地服务于国家粮食安全和绿色低碳发展。

6. 碳达峰碳中和与城市

城市是经济活动中心，也是温室气体排放的重要主体。城市往往承担着一个国家的政治、经济、文化、社会等活动中心的职能，同时也是一个国家能源的主要消耗单位。目前全球城市人口占总人口不足 60%，能源消费和温室气体排放占比为 75% ～ 80%。致力于应对气候变化的国际城市联合组织 C40 在 2019 年 6 月发布的一份研究报告显示，全球近 100 个大城市的消费排放已经占全球温室气体排放量的 10%。中国正在经历全球最快速，最大规模的城镇化。2017 年末，我国城镇常住人口 81347 万人，比上年末增加 2049 万人；城镇人口占总人口比重（城镇化率）为 58.52%。随着城市化的不断推进，未来城市的基础设施建设、工业活动、交通运输及居民生活都将消耗大量的能源，城市温室气体排放的增长潜力很大。当然，城市对产业的集聚效应、规模化生产、交通的便捷、土地的高效利用、城市文明的传播和技术水平的提高又使得人均能源利用效率大大增加，进而抑制碳排放的增长。

城市也是气候风险的高发地区，气候灾害对城市的经济损失规模巨大。干旱、海平面上升、热浪、极端天气等气候灾害对城市的威胁逐步显现。气候变化导致的粮食减产、水资源紧缺、生态系统功能恶化、能源转型紧迫等问题，不仅增加了居民的生活成本，还降低了居民的生活质量。而城市作为人口和资本的聚集地，面临的经济损失最大。通过构建海绵城市、提高城市的韧性，降低气候灾害的风险是城市适应气候变化的有效途径。

我国早在 2010 年起就开始展开低碳城市的试点工作。先后将 87 个省市区县纳入试点范围。经过几年探索和发展，低碳城市试点工作取得了显著成就，为我国城市实现"双碳"目标提供了参考和支持。总体来看，试点地区在低碳发展目标方面发挥了引领作用，促进了发展方式的转型。试点地区也大幅度提升了各地对低碳发展的认识和能力建设，同时涌现出来一批好的做法、好的经验。在"双碳"目标下，智慧城市、生态城镇、城镇生态系统碳汇保护与提升均可成为有效降低碳排放，实现碳中和的途径。

智慧城市是智能化的数字城市，是数字城市功能的一种延伸、拓展和升华，它通过物联网把物理城市与数字城市无缝联结起来，利用云计算技术对实时感知的大数据进行处理并提供智能化服务。目前，全球启动或在建的智慧城市达 1000 多个，中国已制订智慧城市建设计划或正在开展相关工作的城市约有 500 个。北京、上海、广州、深圳、杭州、重庆、武汉等城市成为2017—2018 年度中国最具影响力智慧城市。智慧城市是智慧地球的重要内容之一，既是建设生态文明城市的重要管理手段，也是建设生态文明城市的重要内容，不仅可以促进传统行业转型升级、增强企业核心竞争力、提高公共管理水平、提升居民生活质量、推进新型城镇化进程，更重要的是能够促进经济结构向信息服务业的低碳转型，催生和带动新产业发展。

生态城镇实现碳达峰、碳中和。工业化的城镇化在中国已日见疲态，必须赋予城镇化新的内涵，走生态城镇化之路。生态文明的城镇化是要对工业文明下的城镇化进行脱胎换骨的变革，在中国的广大城镇形成一条超越传统模式的具有本地特色的城镇化之路。生态城镇的建设，在降低碳排放的同时，更重要的是在城镇型的工业产业园区中，利用现代科技对排放的二氧化碳进行循环利用。生态城镇建设的核心是人与自然的和谐共生，从根本上保护广大农民的利益，在公正的制度下享受公共产品，保障我国的粮食安全，保护生态环境。

城镇生态系统碳汇保护与提升。打造城镇绿地生态系统，保护与提升城镇湿地生态系统，发展城镇建筑物空间立体绿化，充分发挥城市的生态环境效益、社会经济效益和景观文化功能，在当前碳达峰、碳中和行动中，更具有现实意义。

第 5 章

实现碳中和碳达峰的经济手段

1. 碳中和与社会经济

人口，经济发展水平，工业化、城镇化水平，能源结构等因素显著影响碳排放水平。在以化石能源为主的能源结构下，经济发展和二氧化碳排放存在一定的联系。根据挪威国际气候研究中心估算，自工业革命以来全球二氧化碳排放量持续增长，从 1750 年的 935.05 万吨增长到 2020 年的 340.75 亿吨。其中，绝大多数排放量是在 20 世纪以来的 120 年中产生的。碳排放量受到经济波动的显著影响。在"大萧条"（1929—1933 年）、经济危机（1980—1982 年）、美国经济危机（1990—1991 年）、亚洲金融危机（1997—1998 年）、国际金融危机（2008—2009 年）期间，经济活动大幅减少，全球碳排放量也显著下降。观察、总结工业化国家和地区达峰规律、经济属性后发现，碳排放和能源消费"双达峰""双下降"往往出现在工业化、城镇化发展阶段之后，此时经济增速明显下降，人均 GDP 在 1 万～2 万美元的水平。中国在上述因素方面均与工业化国家存在较大差异，并承担着减排和经济高质量发展的双重任务。已有研究显示，中国二氧化碳排放增长与经济增长整体呈现从相关到脱钩的趋势。中国在客观上已经具备实现碳达峰的现实基础，如期实现净零碳排放目标也在技术和经济上具有可行性。

主要经济政策手段

综合运用经济的、科技的、法律的、行政的等手段，可促进我国经济社会绿色低碳转型和高质量发展。要不断完善产业政策、财税政策、信贷政策和投资政策，形成有利于积极应对气候变化的政策导向和体制机制，发挥财政手段的正向激励和逆向限制双重作用，降低企业和个人碳减排成本，逐步淘汰不符合碳减排标准的企业和产品。

产业政策　产业政策是我国经济发展的重要政策，按鼓励类、限制类、淘汰类等进行分类指导，以产业目录形式发布，并根据经济发展形势变化进行修订完善。要增加鼓励绿色低碳发展的内容，支持绿色低碳循环产业的发展，控制限制类产业生产能力，淘汰高能耗重污染的落后产能。积极推进国家重大生产力布局规划内的资源保障、重化工项目实施。鼓励发展低碳工业，使之成为有利可图的新兴领域。高碳工业发展难以为继，不仅仅是不可再生的化石能源资源的储量有限，大量的二氧化碳排放也将影响人类的生存环境。发展低碳工业成为世界各国可持续发展的必然选择。从高碳工业向低碳工业转型是一个漫长过程；毕竟高碳的工业体系是庞大而稳固的，传统工业对化石能源的依赖不可能在短期改变。由于低碳工业必须建立在低碳或无碳能源的基础之上，相关基础设施建设不仅需要巨额投资，也要较长的建设周期。要根据节约资源、能源和保护环境的要求以及行业资源环境绩效标准，规定并实施更加严格的市场准入标准。建立国家气候投融资项目库，建立低碳项目资金需求供给对接平台，加强低碳领域的产融合作。推动低碳产品采购和消费，不断培育市场和扩大需求。

财税政策　财税政策是重要的经济政策，包括收入分配、税收政策以及投资等；科学的财税体制是优化资源配置、促进社会公平、实现国家长治久安的保障。调整煤炭、原油、天然气资源税税额标准，调整乘用车消费税税率；通过税收杠杆抑制不合理需求，提高高碳资源的使用成本，促进资源节约高效；发挥财政资金的引导作用，吸引社会资金投入碳中和目标实现中。实施节能技术改造、建筑供热计量及节能改造、污染物减排能力建设等"以奖促治"政策，实施节能节水环保设备、资源综合利用、增值税减免等优惠政策，调整抑制"两高"产品出口的税收政策。应着手研究开征碳税的可行性，以增强企业、公众等对气候变化这一全球性问题重要性和紧迫性的认识。

价格政策 价格是市场机制的核心要素，企业是市场配置资源的行为主体。应深化资源性产品价格形成机制改革，建立反映市场供求关系、稀缺程度和环境损害成本的价格形成机制。具体措施如推行用电阶梯价格，实行惩罚性价格。全面推行燃煤发电机组脱硫、脱硝电价政策，鼓励开展二氧化碳去除的技术研发与应用。建立有效调节工业用地和居住用地比价机制，提高工业用地价格，减少房价上涨导致的财富由中低收入购房者流向富人的可能。

2. 碳定价机制

碳定价的理论基础及手段

碳定价被认为是助力实现《巴黎协定》气候变化减缓目标的最有效工具之一。碳定价通过确保经济行为体承担与排放温室气体相关的部分（或全部）成本和经济风险来激励低碳活动。实施碳定价的两个主要政策工具，一个是碳税，另一个是碳排放交易系统（ETS）。碳定价机制的主要目的是解决气候变化的外部性问题。

工业化之前，在自然状态下，人们向大气中排放的二氧化碳和自然界固定的二氧化碳基本保持"平衡"，从而未严重影响碳循环和全球气候。但是随着工业化的不断推进，化石燃料大规模使用，规模化农业和畜牧业不断发展，森林等具有固碳作用的生态系统遭到破坏，人类活动向大气排放的二氧化碳超过自然界能够固定的二氧化碳的数量，从而出现了全球气候变暖等一系列问题。但从"向大气中排放二氧化碳行为"本身来看，其并没有直接的负面影响，但是当二氧化碳排放总量超过一定限额时，就会对全球生态和人类的生存环境造成不可逆的影响。因此从更大的时空层次上看，二氧化碳排放在"国际间""代际间"和"区域内产业间"都是存在"外部性"属性的。

碳排放在国家之间存在外部性属性。不论是已经实现工业化的国家还是尚未实现工业化的发展中国家，一国经济要发展，就离不开能源。因为经济要发展，民众生活水平要提高，就需要能源作为支撑。而从全球的能源结构来看，当前仍然是以化石能源为主导，全球 90% 的能源供给来自化石能源，而 2018 年因化石能源使用造成的碳排放就占全部碳排放的 67.8%。那些完成工业化的发达国家在工业化过程中已经向大气中排放了过量的二氧化碳，并且已经影响到发展中国家的发展，与此同时发展中国家也有谋求发展的权利。因此向大气中排放二氧化碳就成了类似于"公地悲剧"的一种具有"外部性"的行为。其次，排放到大气中的二氧化碳性质十分稳定，能够在大气中滞留几百年，而在这几百年间二氧化碳带来的负面影响将持续影响几代人的生存和发展。当代人的发展所排放的二氧化碳会给后代发展带来负面影响，而后代却无法从当代发展中获得补偿，进而二氧化碳排放在代际之间是存在"外部性"的。最后，如果限制了一定区域范围内的排放总量，那么区域内的排放（或减排）活动将在生产性企业间产生"外部性"。在自然状态下，一个区域内的每一个企业都有尽可能多地采用排放更高，更为廉价的能源的动机，这将给社会带来"负外部性"。能源使用效率更高和使用更加清洁能源的企业将给社会带来"正外部性"。但同时这些企业自身却并不能获得"减排行动"的全部收益，因此自发"减排"活动往往是供给不足的。

由于在自然状态下市场并不能自发实现"外部性"内部化进而实现这部分市场的均衡，为了实现外部性内部化，庇古提出了"庇古税"，即政府通过对存在外部性企业征收"庇古税"，对存在外部性的市场进行干预。这可以使得外部成本和收益通过税收和补贴的方式实现内部化，进而实现市场供需的均衡。其在能源经济学中最典型的应用就是碳税。科斯在《社会成本问题》（1960）中提出在产权界定清晰，交易成本极低（甚至为零）的情况下，通过将权力赋予任意经济主体都能实现社会资源的最有效的配置，而无须政府进行干预。例如，赋予居民享受新鲜空气的权利，那么企业就要选择给自己的设备安装清洁净化装置、给居民安装相应的空气净化装置或者给居民补偿进而获得排污权利。但是不管是以何种方式，只要产权界定清晰，交易成本为零（很低），这种将外部性内部化的方式都是最有效的。

尽管存在上述两类实现"外部性内部化"的方法，但是从经济学的视角来看，不论是政府通过"庇古税"进行干预，还是通过"授权＋市场"方式进行干预都是存在成本的。"庇古税"存在着税收征管和行政成本，"授权＋市场"方式存在着交易成本等显性或隐形成本。因此各国政府在面对具有外部性市场时，也大多根据各国实际情况在权衡利弊的情况下选择其中一种方式对具有"外部性"的市场实施"内部化"。

碳税

全球变暖是对人类潜在危害最大的环境外部性问题，而为治理全球变暖的物品或服务供给都是全球公共品。全球变暖是全世界共同面临的问题，无论碳排放来自哪里，其对全球环境的影响都是相同的。相应地，不论哪国征收碳税以减少碳排放，缓解全球气候变暖，这一制度供给或服务提供带来的收益都为全世界的人所共享，因而属于全球公共品。非排他性，使征收碳税抑制全球变暖的全球公共品供给不足，在此情形下，开展气候变化政策国际合作，各国协同征收碳税，进行应对全球变暖的全球公共品的协同供给；一国主动征收碳税，进行应对全球变暖的全球公共品的自愿提供，是解决气候变化全球公共品供给困境的重要途径。

相对来说，碳税在行政管理方面比较简单，政府以对一个实体排放的每吨温室气体征收费用的方式，鼓励燃料转换、采用高能效和低碳技术。然而，碳税在政策稳定性方面有些欠缺，相较于改变碳市场的基础设施，取消税收或改变税收水平对政府和 / 或相关部门来说更加容易。比如澳大利亚在 2014 年的时候，即将上任的政府废除了两年前出台的碳税政策。

碳税一旦引入，即可为经济行为体提供具有确定性的可预测的碳价。然而，这种确定性的背后右有着政策制定者的不确定性，因为他们无法准确预测碳税所产生的减排量。在这个意义上，排放交易是碳税的镜像，具有波动的碳价格，但相对固定的减排轨迹。1990 年，芬兰第一个引入碳税，随后在 20 世纪 90 年代，其他北欧国家也相继引入碳税。此后的几年内，碳税在世界各地得以引入，包括加拿大不列颠哥伦比亚省（2008 年）、日本（2012 年）、英国（2013 年）、智利（2017 年）、加拿大全国（2019 年）和南非（2019 年）。

世界各地实施碳税的经验有好有坏。瑞典是一个成功的例子，其碳税也是目前世界上最高的，为 137 美元 / 吨二氧化碳当量。瑞典自 1991 年引入碳税以来，其对保持经济增长的同时大幅减少排放作出了很大贡献。另一方面，为了安抚公众对燃料价格上涨引发的反对呼声，法国于 2019 年放弃了进一步提高碳税。在美国，尽管多次提出建议，但在联邦或州一级从未颁布过任何碳税。截至 2021 年，全球有 35 个国家及地区引入了碳税（27 个国家和 8 个次国家管辖区），覆盖全球 5.5% 的温室气体排放。这为中国的碳税可行性评估和实施，提供了丰富的案例研究的基础，可以从中吸取经验，为进一步推动中国碳定价政策体系提供参考。

碳交易市场

碳交易是以市场为基础的碳定价工具，是一种以最具成本效益的方式减少碳排放的激励机制。人类活动和经济发展伴随的大规模化石能源消耗产生了大量温室气体，提高了碳环境容量的稀缺程度。人类生产生活中过量使用碳环境容量会产生极高的社会成本，而碳交易市场的碳定价就是对温室气体排放给社会带来的外部成本进行市场定价，使其价值在市场中反映出来。如果缺乏市场机制引导对碳环境容量的合理使用，气候变化带来的社会成本将不断侵蚀全社会福利。

碳交易市场是由政府通过对能耗企业的控制排放而人为制造的市场。通常情况下，政府确定一个碳排放总额，并根据一定规则将碳排放配额分配至企业。如果未来企业排放高于配额，需要到市场上购买配额。与此同时，部分企业通过采用节能减排技术，最终碳排放低于其获得的配额，则可以通过碳交易市场出售多余配额。双方一般通过碳排放交易所进行交易。

3. 国际碳排放交易权体系

目前世界许多国家已经建立起了自身的碳排放交易体系，但是这些交易体系内部存在差别，并没有一个统一的体系能够在全球范围内实施。碳排放交易体系可以分为两种：一种是基于配额的碳排放交易体系，另一种是基于项目的碳排放交易体系。基于配额的碳排放交易体系采用总量管制与交易的方法，由管理者制定并分配碳排放配额，又可细分为强制性碳交易制度和自愿性碳交易制度；基于项目的碳排放权交易体系可细分为联合实施项目（即一国可以从其在另一国的投资项目产生的减排量获取减排信用）和清洁发展机制（指发达国家投资者可以通过在无减排义务的发展中国家实施技术改造活动，进而获取"经核证的减排量"）。

考虑碳排放交易权体系覆盖的地域和行业范围，可将国际碳市场分为跨界联盟型、国家型、地区型和行业型等 4 类。其中，跨界联盟型碳市场指覆盖多个国家或州省的跨行政区域碳市场，具体包括欧盟碳排放权交易体系与美国西部气候倡议等。国家型碳市场指覆盖地域以国家为单位，对全国范围内控排企业均进行总量控制与交易的碳市场。目前，建立了国家型碳市场的主要有韩国、新西兰、澳大利亚和哈萨克斯坦等国。地区型碳市场覆盖地域则为次国家级的单个省市，对省市范围内控排企业进行总量控制与交易，具体有美国加州碳市场、加拿大魁北克碳市场和安大略碳市场与中国试点碳市场等。行业型碳市场泛指所有覆盖行业数<2 的碳市场，在覆盖地域上不做限制，包括美国区域温室气体减排行动、瑞士碳市场、日本东京碳市场和琦玉县碳市场与中国（全国）碳市场等。

欧盟碳排放权交易体系

欧盟碳排放权交易体系是世界上第一个也是最大的跨国二氧化碳交易项目，涵盖欧盟成员国半数以上的二氧化碳排放量，是目前全球最成熟、交易规模最大的市场，也是全球范围内涉及排放规模最大、流动性最好、影响力最强的温室气体减排机制。

欧盟成员国需要制订详细的分配计划上报欧盟委员会审查，分配计划中需要列出本国涵盖的目标企业名单以及本国的减排目标，然后排放量配额会被分配给各个部门和各个企业。欧盟碳排放权交易体系的实施可分为以下几个阶段：一是试运行阶段（2005—2007 年），针对的目标主要为能源生产和能源使用密集行业，包括能源供应、石油提炼、钢铁、建筑材料和造纸行业，大部分的排放量配额被免费分配给排放企业，未使用的并不能累积到下一个阶段；二是实现《京都议定书》承诺的关键时期（2008—2012 年），这一阶段其范围除了欧盟 27 个成员国，还覆盖了冰岛、挪威和列支敦士登，重点管制行业除了能源密集型行业以外，还包括航空业，排放量配额仍然以免费分配为主，但是配额数量比上期下降了 6.5%；三是

2013—2020 年，此阶段拍卖成为默认的发放形式，仅在工业领域有免费配额，且免费配额占比最高不超过 43%；2021 年起为第四阶段，欧盟碳排放交易体系覆盖范围从电力热力部门等能源密集型产业，扩展到航空业，未来可能继续扩展到建筑业、交通运输业，温室气体种类从单一的二氧化碳排放，扩展到氧化亚氮、全氟化碳，碳排放配额分配机制也逐渐从免费发放向拍卖过渡。高屋建瓴的顶层设计和严密的分层计划保证了这一制度能够在欧盟成员国落地实施，其交易机制灵活，允许多种交易方法和多个交易市场并存，增强了市场流动性。

2020 年，欧洲碳排放量约为 13 亿吨，交易量达 80 亿吨，全球碳市场交易总额约为 2290 亿欧元，欧洲市场约占 90%，涉及电力、工业以及航空部门的 11 000 多个排放设施。欧盟交易体系核心机制是总量控制和交易，区分行业和阶段、调整免费配额与有偿配额占比，现货、期货、远期等多种排放权交易形式并存，发展至今已较为成熟和完善。

美国碳排放权交易体系

美国的碳排放与欧盟的迥然不同，没有全国统一的碳排放交易体系，只有区域性的减排计划。其中影响力较大的是区域温室气体行动、西部倡议和加州总量控制与交易体系。

区域温室气体行动是美国第一个以市场为基础的强制减排体系，于 2009 年 1 月 1 日正式实施，涵盖美国 7 个州，针对的仅是电力行业，目标是 2018 年区域内电力行业的排放量比 2005 年降低 10%。在具体运作方面，每个州先根据自身在此项目内的减排份额获取相应的配额，然后以拍卖的形式将配额下放给州内的减排企业。这些拍卖所得的 60% 以上将用于改进能效，还有 10% 将用于清洁能源技术的开发和利用。它有一套非常严格的监督与报告机制，各州需要选定一个独立的市场监管机构，负责监督企业的市场活动；企业要按照规定安装二氧化碳排放跟踪系统以记录相关数据，并在规定日期前以季度为期限向管制机构报告。

2007 年发起的西部倡议，是一个跨国的区域行动计划，参与对象涵盖加拿大 4 个省份和美国的加利福尼亚州。其目标为 2020 年该区域的温室气体排放量与 2005 年相比下降 15%。在具体实施方面，它以 3 年作为一个履约期，初期针对的行业只包括电力行业和能源密集型行业，以后将逐步把居民、商业和其他工业纳入考虑范围之中。

加州总量控制与交易体系是西部倡议的重要组成部分，始于 2012 年，涵盖炼油、发电、燃料运输等行业。2021 年 1 月，美国加州碳市场立法修正案正式生效，内容包括调整配额价格控制机制以及在 2030 年之前更大幅度地降低排放总量等。

美国的碳排放交易体系带有鲜明的特征：并无全境统一的交易系统，各区域自行选择合适的减排计划。区域性的交易体系自由度较大，各州可以根据自身实际自主选择，然而这种交易方式难逃各自为政的局面，交易量无法与欧盟相提并论，并且交易区之间也存在兼容性等问题。

韩国碳排放权交易体系

2010 年 1 月，韩国政府向联合国递交了减排目标，要在 2020 年实现温室气体排放量比基准排放量减少 30%。2012 年 5 月，韩国国会正式通过碳排放权交易制度，拟定于 2015 年全面开放碳排放权交易市场。

韩国的碳排放权交易方式从大类上分属于基于配额的交易制度，主要涵盖发电等 23 个产业 525 家公司，先后经历了 2015—2017 年所有碳排放配额全部免费分配阶段，2018—2020 年 97% 配额免费分配、3% 有偿分配阶段，以及免费分配的比例将下降到 90% 以下阶段。根据韩国《温室气体排放配额分配与交易法》，企业总排放高于每年 12.5 万吨二氧化碳当量，以及单一业务场所年温室气体排放量达到 2.5 万吨，都必须纳入该系统。根据韩国交易所数据，2020 年，韩国各种排放权交易产品总交易量超出 2000 万吨，同比增加 23.5%。2021 年，韩国温室气体排放权交易进入第三阶段，实施更加严格的排放上限，将有偿配额比例提高到 10%，覆盖的行业将继续扩大。韩国政府致力于引导企业自发减排，还引入了第三方交易制度，增加金融企业和第三方机构参与。

韩国的制度设计有其自身的特殊性：在推行主体方面，政策由政府主导实施，执行力有所保障；在金融创新方面，借鉴美国碳交易金融化的特点，组建了碳基金和碳金融公司；执行层的妥善考虑是韩国制度的一大亮点，韩国政府部门从多渠道宣传政策内容，帮助企业适应变化。在减排的同时，韩国也注重环保的另一面，重点扶持绿色产业，将环保做到更深处。

新西兰碳排放权交易体系

新西兰是亚太地区第一个启动碳排放权交易制度的国家。2008 年开始实施碳交易制度，开始时只针对林业，后来化石燃料业、能源业、加工业等行业也陆续进入交易体系，农业最后进入。早期新西兰 90% 以上的配额被免费发放给减排企业，随后免费配额的比例逐步降低。除了专注于国内市场，它还注重与其他交易体系的协调和衔接，允许本国企业在国际碳排放市场进行交易，允许使用国际碳信用额度。超过排放标准的企业可以通过碳排放交易制度购买交易的配额，也可以通过海外交易购买国际碳信用额度，有盈余的企业也可以在市场上出售自己未使用的配额而获利。新西兰建立了完善的交易制度，并设计了相应的配套措施。国内、国际双市场接轨，兼容多种交易方式，保证了市场的灵活性。

4. 中国碳排放交易市场

作为碳排放大国，中国稳步构建了国内的碳排放政策体系。按照碳市场覆盖的范围，中国碳市场可以分为区域性碳市场和全国性碳市场。中国碳市场经历了区域性碳市场运营前的准备阶段，区域性碳市场正式运营阶段，全国碳市场运营前的准备阶段，以及全国碳市场正式运营阶段。

2011 年，国家发展和改革委员会印发的《关于开展碳排放权交易试点工作的通知》，批准了 7 个省市开展碳排放权交易试点工作。截至 2016 年，又先后出台了《"十二五"控制温室气体排放工作方案》《碳排放权交易管理暂行办法》《关于切实做好全国碳排放权交易市场启动重点工作的通知》《"十三五"控制温室气体排放工作方案》等法规条文，这些法规条文成为中国碳交易市场发展的法制基石。2017 年 12 月，国家发展和改革委员会印发《全国碳排放权交易市场建设方案（发电行业）》，标志着全国碳排放权市场的正式启动。2020 年 11 月，生态环境部下发《全国碳排放权交易管理办法（试行）》（征求意见稿），表明全国碳排放权交易市场建设进一步加速。

2008 年，北京、上海、天津环境交易所成立。2011 年 10 月，中国碳市场试点工作正式启动，北京、天津、上海、重庆、湖北、广东、深圳开展碳排放权交易试点工作。2012 年，中国碳交易政策框架建立，同时北京环境交易所推出了中国首个自愿减排标准，并发布了石化行业、有色金属、化工等行业的节减排方式方法及政策。2013 年 6 月，深圳碳排放交易所正式开市，随后试点碳市场陆续启动；2014 年 6 月，重庆碳市场开市。至此，中国试点碳市场全部启动，建立碳市场的第一阶段任务完成。2015 年中国提出预计在 2017 年启动全国碳市场。2014—2016 年，中国政府相继做了建成碳交易注册登记系统、出台配套行政法规等大量工作，相关部门也出台了配套细则和技术标准，审查企业历史温室气体的排放数据，初步建立了相关法律法规。据统计，自 2013 年深圳碳排放市场率先正式启动以来至 2016 年底，7 个试点的碳排放交易覆盖了热力、电力、石化、钢铁、水泥、制造业及大型公建等行业，碳排放交易数量累计高达 1.6 亿吨，交易总值高达 25 亿元人民币。第二阶段的任务是 2017 年 12 月启动全国碳排放交易，同时国家发展和改革委员会就贯彻落实《全国碳排放权交易市场建设方案（发电行业）》进行部署。全国统一市场建设就此拉开帷幕，实施碳排放交易制度成功完成。2018 年，四川和福建碳排放交易市场亦完成开市，9 个区域市场已开展交易。2013 年 6 月 18 日，深圳市率先开始碳市场交易。作为全国首个碳市场，其将 635 家重点企业和 200 多家大型公共建筑纳入碳市场覆盖范围。深圳市碳市场覆盖了深圳市 40% 的二氧化碳排放。2015 年，这部分主体的碳排放强度较 2010 年降低 32% 以上。根据深圳市的实际情况，该市采取了根据行业和企业种类对配额进行差异化分配的方法。基本上是以 2009—2011 年的排放量和企业的增加值为基础，结合 2013 —2015 年各个行业碳强度和深圳市配额总量（3 年总计约 1 亿吨），按照企业实际情况进行配额分配。所有配额均免费分配，超出配额需要购买。随后上海、北京、广东、天津、武汉和重庆（这里未考虑后来加入的福建）碳市场相继开始试点。虽然各个试点市场的发展存在较大的差异，但是从总体上看这一阶段取得了一定的效果：首先在该阶段，全国 8 个试点省市的碳市场从无到有地发展起来了；其次这部分试点市场的交易规模达到 1.82 亿吨，对应成交金额超过 36 亿元；最后为探索全国性碳市场创造了条件，打下了坚实的基础。

中国的碳交易涉及行业以发电行业为主，2019 年发电行业二氧化碳排放量占全国碳排放的 46%，因此中国以发电行业为突破口，率先启动全国碳排放交易体系，逐步扩大参与碳市场的行业范围，增加交易品种，不断完善碳市场。而在实际执行中，各试点区域根据自身实际情况，继发电行业之后，分批次分阶段将石化、化工、建材、钢铁、有色、造纸、航空几大行业逐步纳入碳市场。

2020 年 11 月发布的《全国碳排放权交易管理办法（试行）》（征求意见稿）和《全国碳排放权登记交易结算管理办法（试行）》（征求意见稿）要求，一旦新版管理办法确定实施，参与全国碳排放权交易市场的重点排放单位，不重复参与相关省（市）碳排放权交易试点市场的排放配额分配和清缴等活动。2021 年 1 月，生态环境部公布了《碳排放权交易管理办法（试行）》，并印发配套的配额分配方案和重点排放单位名单。中国碳市场发电行业第一个履约周期正式启动，2225 家发电企业将分到碳排放配额。2020 年下半年到 2021 年初出台的一系列政策，为全球最大碳市场的启动铺平了道路。

截至 2021 年 6 月，碳市场累计配额成交量为 4.8 亿吨二氧化碳当量，成交额约为 114 亿元。全国碳排放权交易市场已经建立，交易于 7 月 16 日启动，碳配额开盘价为 48 元 / 吨，首笔成交价为 52.78 元 / 吨，第一个履约周期从 2021 年 1 月 1 日至 12 月 31 日，纳入发电行业重点排放单位 2162 家，覆盖约 45 亿吨二氧化碳排放量，中国碳市场成为全球规模最大的碳市场。

5. 碳排放监测、报告与核查

建立完善有效的碳排放监测、报告与核查体系是开展碳排放权交易的基本前提，也是推进碳排放权交易市场建设运行的重要基础工作。作为构建碳市场环境的重要环节，碳排放监测、报告、核查体系是企业对内部碳排放水平和相关管理体系进行系统摸底盘查的重要依据。良好的碳排放监测、报告与核查体系可以为碳交易主管部门制定相关政策与法规提供数据支撑，可以提高温室气体排放数据质量，为配额分配提供重要保障，同时有效支撑企业的碳资产管理。2013—2014 年，中国地方试点碳市场建设迅速开展，最重要的工作之一是制定了温室气体排放监测、报告和核查制度，为全国碳市场碳排放监测、报告与核查体系的建设打下坚实的技术基础，一个健全完善的碳排放监测、报告与核查体系对于碳市场的有效运行具有至关重要的意义。

有效的碳排放监测、报告与核查既需要活跃的参与主体，也需要合理透明的组织结构。其中参与者主要包括政府主管部门、企业及第三方机构。这三类主体在相关法律法规、指南和标准的指引下，按照一定的流程和规范，各司其职并有序合作，是碳排放监测、报告与核查体系得以运转的基础。

2017 年 12 月，中国宣布启动全国碳排放权交易体系，同时国家发展改革委共发布了 3 批共 24 个重点行业温室气体核算方法与报告指南。虽然这 24 个企业归属不同的行业，但具有一定的共性，主要体现于每个重点行业的核算方法与报告指南均包含了适用范围、引用文件与参考文献、术语与定义、核算边界、核算方法、质量保证与文件存档、报告内容与格式规范 7 个部分的内容。核算指南的发布，规范了企业与核查机构碳排放数据核算，确保了碳市场基础数据的准确性。2019 年，中国大部分省份已组织开展完成了 2016—2017 年度碳排放报告与核查工作。

2021 年 3 月，生态环境部发布了《关于加强企业温室气体排放报告管理相关工作的通知》，要求开展 2020 年核查和 2019—2020 年度配额清缴。该通知既加入了配额分配和清缴的内容，指导碳市场交易履约的具体工作，也修订了碳市场覆盖范围、电力行业核算方法等技术要求。具体包括：电网退出，钢铁化工扩大；发电行业以设施为层级开展核算；完善数据获取要求，保障数据质量；规范报告流程、格式和方法；信息公开，数据更加透明；融合排污许可管理要求。这标志着全国碳市场诸多细节的进一步明确，也为企业碳排放、监测、报告和核算指明了方向。

目前，我国碳排放监测、报告与核查体系建设主要借鉴了欧盟、美国加州及国内试点碳市场的做法经验。虽在具体规则和标准方面有所差异，但在大的思路和操作流程方面基本大同小异。受限于国家层面相关法律法规的缺失，在试点碳市场，地方政府无法出台法规明确第三方机构的资质要求并对第三方机构开展资质认证与管理，这在一定程度上导致第三方核查机构能力参差不齐。

随着我国碳市场碳排放监测、报告与核查体系建设的不断推进，仍存在许多问题亟待解决，主要包括法律和制度支撑薄弱、相关技术指南和标准仍不完善、第三方核查机构能力参差不齐以及能力建设有待进一步加强。为进一步服务于中国碳市场，未来中国的碳排放监测、报告与核查体系还需加强以下四个方面的工作。

注重碳排放监测、报告、核查体系的顶层设计。控制碳排放需要在国家层面建立碳排放监测、报告、核查的管理和监督体系，完善的组织体系和成熟的制度安排有利于推进碳减排工作，也是顶层设计的最终目的。因此，首先要从立法上构建完整的碳排放监测、报告和核查的监管体系，形成多层次的碳交易市场监管机制。建立严格的惩罚机制，对不按照规范进行碳排放监测、不按标准格式进行报告和不配合监管机构核查、未减排达标的企业，坚决予以处罚，杜绝排放单位、核查机构以及人员的违规行为。其次要明确主管、监管部门。我国目前碳排放交易试点省市均由当地发改委作为碳交易主管部门，如果引入第三方协同监管机构就可以保证专业性，那么需要从源头上保证企业排放量监测的准确性、报告的合法性和核查的公平性。行业协会是连接企业和政府的桥梁，熟悉产品生产和工艺特点，有收集、识别企业碳排放数据的专业基础，其特殊地位便于对企业排放活动进行检查，能够协助监管部门从碳排放的监测、报告和核查各个阶段对企业进行标准化管理和结果验证。要引入具有资质的、独立的第三方核证机构，提供验证、公示、宣传和协调等工作，协同生态环境部共同对企业碳排放监测、报告及核查等进行监督，确保核查过程的一致性、准确性和可重复性。

建立双重控制碳排放总量与单位强度。总量控制手段作为碳减排的一项重要措施，在国际层面应对气候变化的法律规则中占据重要地位。总量控制有绝对量控制和相对量控制，我国至今没有公开承诺过碳减排总量绝对值，仅有单位 GDP 碳排放强度减排率的目标。我国各省市的具体情况和减排目标存在差异，仅在国家层面对碳减排总量进行控制是不够的，在国家、省市和行业都需要设定减排控制目标。结合经济结构、能源消费总量控制目标、碳强度减排目标等参数，设定能够反映企业实际工业排放、兼顾企业发展以及有效控制行业碳排放的目标。

明确碳排放监测、报告和核查的边界。我国碳排放规则与国际碳排放规则的较大差异在于，我国碳排放监测、报告、核查机制与碳排放权交易制度基本是基于企业层面的，而不是基于设施层面，因此需要在法规上明确相关企业监测计量、报告和核查二氧化碳排放的边界。

完善行业碳排放核查技术、建立集成系统。原料替代、燃料替代和协同处置废物等过程，是核查技术的难点。核查阶段需要保证数据的准确性、全面性和一致性，因此如何有效准确识别影响相关企业碳排放的关键参数，并进行数据验证，已成为核查技术的主要内容。目前，我国对相关企业碳排放数据的核查技术还缺少较为完善的方法，缺乏适用于相关行业的、统一认可的核查方法以及核查软件。建立一种全国性、可操作性强的企业碳排放在线监测、报告与核查集成系统，便于相关企业自行填报碳排放数据，并根据实时反馈排放数据开展碳减排工作，可以帮助企业和监管部门精确确定二氧化碳排放量和排放强度，测算及预测某个区域的碳排放总量，并依据关键参数对监测结果进行核查，具有数据验证和预测的功能，通过对企业的多个监测数据和报告内容，根据统计学原理进行抽样调查，保证碳排放核查阶段的数据真实可靠。

6. 碳汇及发展现状

碳汇（carbonsink），是指通过植树造林、植被恢复等措施，吸收大气中的二氧化碳，从而减少温室气体在大气中浓度的过程、活动或机制。碳汇主要分为森林碳汇、草地碳汇、耕地碳汇、海洋碳汇。当前常用的"碳汇"一词来源于《联合国气候变化框架公约》缔约国签订的《京都议定书》，该议定书中将碳汇定义为：从大气中清除二氧化碳的过程、活动或机制。在所有碳汇中，我国林业碳汇发展相对成熟。我国采取了一系列措施来增加林业碳汇，如大规模推进国土绿化、森林资源保护以及加强森林经营，取得了较大进展。2020年末，我国森林覆盖率达22.96%，森林面积达2.20亿公顷，森林蓄积量超过175亿立方米。此处选择林业碳汇来进行解读。

中国对林业碳汇的发展定位日渐清晰，2007年发布的《中国应对气候变化国家方案》明确说明，将林业归入减缓和适应气候变化的重点范畴；2014年发布的《国家应对气候变化规划（2014—2020年）》指出，要提高森林碳汇，逐步建立规范、有序的碳排放交易市场；2018年发布的《乡村振兴战略规划（2018—2022年）》指出，研究建立有关森林碳汇的市场化补偿制度；2021年发布的《关于建立健全生态产品价值实现机制的意见》，探索碳汇权益交易试点。

在部委层面，有关部门2004年印发《清洁发展机制项目运行管理暂行办法》，为我国参与CDM项目提供了依据规范；2009年印发《关于加强碳汇造林管理工作的通知》，对碳汇造林项目实行备案和注册登记制度；2012年发布的《温室气体自愿减排交易管理暂行办法》，国家核证自愿减排量（CCER）正式允许林业碳汇项目进入；2014年发布的《关于推进林业碳汇交易工作的指导意见》，完善CDM下的林业碳汇交易，推动林业碳汇自愿交易市场发展；2018 年发布的《关于进一步放活集体林经营权的意见》《建立市场化、多元化生态保护补偿机制行动计划》，提出研究推动森林碳汇纳入碳交易市场，将林业温室气体自愿减排项目作为全国碳排放交易市场的优先纳入对象，将贫困地区的林业碳汇项目产生的排放量作为优先购买的对象，鼓励通过一些形式发展林业碳汇，如碳中和、碳普惠；2021 年国家林草局和发改委印发《"十四五"林业草原保护发展规划纲要》，表明鼓励通过林草碳汇实行碳排放权抵消机制，建立林草碳汇减排交易平台。

自 2003 年起，国家林业和草原局加强林业碳汇研究，组织编制碳汇造林系列标准和林业碳汇计量监测体系。2006 年注册全球首个 CDM 林业碳汇项目；2010 年发布《碳汇造林技术规定（试行）》《碳汇造林检查验收办法（试行）》；2011 年发布《造林项目碳汇计量与监测指南》；2012 年发布《林业碳汇项目审定与核查指南（试行）》《竹子碳汇造林方法学》；2019 年制定《全国林业碳汇计量监测体系建设工作方案》，发布《竹林碳计量规程》，编制《森林生态系统碳库调查技术规范》等标准。目前已经在国家发改委备案的林业碳汇 CCER 国家标准有 4 类方法学：森林经营碳汇项目方法学、竹子造林碳汇项目方法学、竹子经营碳汇项目方法学、可持续草地管理温室气体减排计量与监测方法学。此外，各试点省市也相继制定了一些地方标准，如北京《林业碳汇项目审定与术语技术规范》、上海《城市森林碳汇调查及数据采集技术规范》、广东《广东省林业碳汇普惠方法学》等。

2011 年，国家发改委正式批准两省五市共 7 个省市作为碳排放权交易试点，2015 年碳交易市场雏形基本形成。2020 年末，试点区域碳市场总成交量 4.45 亿吨，成交额 103 亿元。碳交易试点都承认林业碳汇 CCER 项目，但抵消比例规定不同，基本为 5% ～ 10%。有的对项目地域、时间、类型等有所限制，如《北京市碳排放权抵消管理办法》对用于碳抵消的林业碳汇项目减排量作出明确要求：必须是北京市的碳汇造林或森林经营碳汇项目；用于碳汇造林的土地必须为 2005 年 2 月 16 日后的无林土地，并且森林碳汇项目于此日期之后实施。湖北省规定农林类是用于抵消的 CCER 项目的首要选择。2021 年，生态环境部印发《碳排放权交易管理办法（试行）》《碳排放权登记管理规则（试行）》《碳排放权结算管理规则（试行）》，全国碳排放权交易 7 月 15 日正式开市，CCER 正式进入全国碳交易市场。

目前我国主要有 3 类林业碳汇项目：一是 CDM 机制下的林业碳汇项目。二是 CCER 机制下的林业碳汇项目，其中包含福建林业核证减排量项目（FFCER）、北京林业核证减排交易（BCER）及省级林业普惠制核证减排量项目（PHCER）。因为 2017 年起国家发改委已经暂时停止办理 CCER 项目备案申请，所以许多 CCER 林业碳汇项目处于暂停状态。三是其他资源类项目，包含林业自愿碳减排标准（VCS）项目，非省级林业 PHCER 项目、贵州单株碳汇扶贫项目等。

第 6 章

"双碳"目标下的公众责任

1. 碳中和离不开科普教育

社会运转离不开能源，我们的日常生活也是碳排放的重要排放源。工业文明以来，人们的生活方式发生巨大变化，在大机器生产的推动下，鼓励消费刺激生产成为一种时尚，勤俭节约反而成了阻止经济发展的一大障碍，出现了为消费而大量浪费资源的局面。不良的生活方式，对碳排放的增加起到了促进作用。人为排放导致的全球变暖与极端天气频发已是当前人类面临的严峻挑战。

当前，科学上对气候变化的归因和影响已非常清晰。人类活动已造成气候系统发生了前所未有的变化。2011—2020 年全球地表温度比工业革命时期上升了 1.09℃，其中约 1.07℃的增温是人类活动造成的。20 世纪 70 年代以来热浪、强降水、干旱和台风等极端事件频发强发。全球许多区域出现并发极端天气气候事件和复合型事件的概率将增加。同时发生极端事件的情况会更加频繁，例如高温热浪及干旱并发，极端海平面和强降水叠加造成复合型洪涝事件加剧。未来气候系统的变暖仍将持续。如果不采取积极的应对气候变化行动，预计到 2100 年，一半以上的沿海地区以往所遭遇的"百年一遇"极端海平面事件，将会每年发生，再叠加极端降水，将造成洪水更为频繁。减缓温室气体排放已迫在眉睫。

应对气候变化事关每一个人，也离不开公众的参与。公众对风险认知的强烈程度直接影响着人们应对气候变化中的行为方式以及他们对相关政策的态度。要实现碳中和则需要全民行动。人们要节制对物质享受的无限追求，改变目前过度浪费资源的生活方式以及支持这种生活方式的生产方式，建立一种绿色生活方式和生产方式。绿色生活方式倡导消费有助于公众健康的绿色产品，在消费过程中减少碳排放、不造成环境污染，同时引导消费者转变消费观念，向崇尚自然、追求健康的方向转变。

不论是对气候变化问题的认知还是生活方式的转变均离不开科普教育。当前我国的气候变化和碳中和的科普教育的需求旺盛，但同时差距也很大。存在的主要问题有：一是对气候变化认识不够充分，碳中和更是如此。相关科普工作尚处于初期阶段；二是亟待构建社会广泛参与、部门充分联动、业务运行顺畅、开放合作高效、组织管理科学的碳中和科普格局；三是科普基础研究薄弱、创新动力不足，常态化的人才培养和激励举措、多元化的投入渠道等亟须建立；四是现阶段公众与科学团体，关键政策之间仍然存在鸿沟，"萨根效应"至今仍在科学界飘荡，漠视公众科学传播现象时有发生。

2022 年国家出台了《关于新时代进一步加强科学技术普及工作的意见》，从强化全社会科普责任、加强科普能力建设、促进科普与科技创新协同发展、强化科普在终身学习体系中的作用等方面，提出了 30 项具体的措施和要求，也为未来全面提升公民的科普教育指明了方向。围绕国家碳达峰、碳中和重大战略，多渠道加强气候变化科学传播，提升重点人群气候变化科学认知水平。全国大型综合性气候变化博物馆硬平台建设与气候变化元宇宙虚拟世界软平台建设具有现实意义和时代价值，需加强系统性顶层设计、强化碳中和科普基础建设、深化气碳中和科普供给侧结构性改革。充分发挥专业媒体、科研机构、领域专家等的作用，组织开展科学评估报告、关键政策的解读、媒体访谈、科普创作等活动，切实做好碳中和科普教育，助力碳中和行动。

2. 培养公众生态文明意识

碳达峰、碳中和工作与生态文明建设是相辅相成的。从传统工业文明走向现代生态文明，是应对传统工业化模式不可持续危机的必然选择，也是实现碳达峰、碳中和目标的根本前提。同时，大幅减排，做好碳达峰、碳中和工作，又是促进生态文明建设的重要抓手。工业革命后建立的基于传统工业化模式的工业文明，代表人类历史上伟大的进步；但这种以工业财富大规模生产和消费为特征的发展模式，高度依赖化石能源和物质资源投入，必然会产生大量碳排放、资源消耗和生态环境污染，导致全球气候变化和发展不可持续。这就要求大幅减少碳排放，及早实现碳达峰和碳中和。

实现碳达峰、碳中和目标，其根本前提是生态文明建设。碳中和意味着经济发展和碳排放必须在很大程度上脱钩。当前人们普遍追求不健康、高能耗的生活方式，如以肉食为主的饮食结构、一次性日用品、豪华住宅、大排量汽车、奢侈品等，造成了超出人类生理需求的过度消费，这是一种高碳化、病态化的消费方式，不仅引发了当前诸多生理疾病与心理疾病的流行，也是对资源的巨大浪费。实现碳中和就是要从根本上改变高碳发展模式，从过于强调工业财富的高碳生产和消费，转变到物质财富适度和满足人的全面需求的低碳新供给。这背后，又取决于价值观念或"美好生活"概念的深刻转变。"绿水青山就是金山银山"的生态文明理念就代表价值观念和发展内容向低碳方向的深刻转变。

我国先后出台了多项推进生态文明建设的意见和办法。如《关于加快推动生活方式绿色化的实施意见》《关于促进绿色消费的指导意见》《关于深入实施"互联网＋流通"行动计划的意见》《"十三五"生态环境保护规划》《"十三五"国家信息化规划》《"十三五"节能减排综合工作方案》《国家人口发展规划（2016—2030年）》《循环发展引领行动》《人体健康水质基准制定技术指南》《国民营养计划（2017—2030年）》《公民生态环境行为规范（试行）》《关于加快建立健全绿色低碳循环发展经济体系的指导意见》等。《"十四五"规划和2035年远景目标纲要》提出，到2035年，广泛形成绿色生产生活方式，碳排放达峰后稳中有降，生态环境得到根本好转，美丽中国建设目标基本实现；"十四五"时期，生产生活方式绿色转型成效显著，深入开展绿色生活创建行动。

生态文明教育是"学中做"的教育，需要通过公民的亲身经历来发展其对环境生态的意识、理解力和各种技能。生态文明建设是一项全民性事业，关乎每一个人的切身利益，也需要每一个人的积极参与。公民自觉参与，是搞好生态文明建设的重要条件。公民在生态意识提高的基础上，必然会产生保护、改善和建设生态环境的使命感和责任心。因此，需要提高公民参与环境保护工作的主动性和积极性。这要求公民在日常生活中，时时处处自觉地参与生态文明建设的各种活动，为尽早碳达峰、碳中和贡献自己的力量。

美丽中国目标的实现需要公众参与和共同行动。把生态文明纳入教育体系。从小学到大学、成人教育、终身教育和宣传、培训活动，应循序渐进地推进生态环境知识的普及和提高，注重基础性、广泛性、持久性、针对性和趣味性；社会要普遍、常态、永久性地开展敬畏自然、珍惜生命、保护环境、节约资源、协同共生的宣传和教育；在全社会牢固地确立人人遵循、人人监督的生态伦理和生态公平正义的道德规范和制度激励体系。积极发挥社团组织的作用，健全资源消耗最小化、效用和服务最大化的长效机制，从而把平等、效率、正义有机地统一起来，实现各尽所能、各得其所。加强宣传引导。持续开展"世界环境日""全国低碳日"等主题宣传活动，充分利用例行新闻发布、政务新媒体矩阵等，统筹开展应对气候变化与生态环境保护宣传教育，组织形式多样的科普活动，弘扬绿色低碳、勤俭节约之风。鼓励和推动大型活动实施碳中和，对典型案例进行宣传推广。积极向国际社会宣介生态文明理念，大力宣传绿色低碳发展和应对气候变化工作成效，讲好生态文明建设"中国故事"。

大力开展生态文明建设的系列创建活动。制定相应的激励措施，促进低碳社会建设。支持和鼓励各地方企业和社会各界自下而上开展低碳行动，企业自愿承担社会责任；将生态文明理念体现在公众的日常生活中，自觉践行绿色低碳生活方式和消费方式，主动参与生态文明建设的各项活动，从小事做起，垃圾分类、爱护公共卫生、植树造林等；从自己身边的事情做起，不使用一次性筷子、薄塑料袋，捡起"菜篮子"、循环使用包装物等。发挥监督作用，建立健全环境保护举报制度，畅通环境维权、投诉、举报渠道，共同推进绿色创建活动，倡导绿色生产、生活方式。形成节约资源、保护环境的产业结构、生产方式和消费模式。

3. 穿衣与碳中和

碳排放虽然主要产生于能源消耗密集的生产过程中，但重要驱动力是满足日常生活需求的各类消费活动。我们的日常生活是碳的重要排放源。2020年12月9日，联合国环境规划署发布的《2020排放差距报告》专门有一章探讨如何通过公平低碳的生活方式来弥合排放差距。按消费侧排放计算，全球约三分之二的碳排放都与家庭排放有关。而且个人的碳排放存在巨大差异，一部分穷人不能满足基本需求，另一部分富人过度消费。全球最富有的1%人口的排放量是最贫穷的50%的人口的总排放量的两倍以上。深度脱碳路径项目确定，为了将全球气温上升控制在2℃或更低，到2050年地球上每个人的年平均碳排放需要少于2吨。要实现碳中和目标，需要在全球范围实现公平低碳的生活方式，到2030年需要将人均消费侧碳排放控制在2～2.5吨二氧化碳当量，到2050年进一步减少到0.7吨。

生活方式的改变是持续减少温室气体排放和弥合排放差距的先决条件。首先我们可以尝试去计算自己的碳足迹，也就是个人在生活中产生的温室气体数量。一旦弄清了碳排放从哪来，我们就可以针对性地减少它。个人生活中的碳排放涉及衣食住行，穿衣首当其冲。

服装在生成、加工和运输过程中，每件衣服都在多个运转环节中，要消耗大量的能源，从而产生碳排放。在服装面料上，尽量选择天然纤维材料的衣物、棉质衣物，因为化纤衣物碳排放量更大；在款式选择上，尽量不要选择时尚衣物，现如今处理不必要的衣物已成为全球性问题，过时的时尚廉价物品很快就会被倾倒在垃圾填埋场中，在分解时会产生甲烷。因此，购买经久耐用的优质服装、再生服装，对闲置衣物二次利用或捐赠他人，即可对衣物进行再利用。旧衣通过一定的处理，如剪裁、缝纫等变成生活中所需的其他物品，包括抹布、墩布、口袋等，既可以避免旧衣被当作垃圾扔掉，对环境造成污染，同时又可以开发出新的用途，同样也避免了新物品的购买造成碳排放。在购买数量上也要适量减少，少买一件不必要的衣物就可以减少2.5千克的二氧化碳的排放，对于一生中只能穿一次的婚纱、穿着机会有限的晚礼服等，没有购买的必要，租用才是最低碳的选择。

在衣物洗涤上，可以选择用手洗代替机洗，用冷水洗衣服。一件衣服76%的碳排放来自其使用过程中的洗涤、烘干、熨烫等环节。洗涤过程耗费大量水和能源，而由机洗改为手洗后可以降低碳排放。用手洗代替一次机洗，可以减排0.26千克二氧化碳。冷水洗涤剂中的酶在冷水中才能发挥更好的清洁作用。每周用冷水而不是热水或温水洗两次衣服，每年最多可以减少200千克左右的二氧化碳排放量！

---

4. 饮食与碳中和

饮食消费中产生的碳排放是不容忽视的，在饮食结构里，从农业生产、食品加工、运输到仓储等环节中都会直接或间接产生碳排放。目前国际上人均肉类的消费量已经超过健康水平，这无论是对人体健康还是对全球环境都有着严重的威胁。所以，从健康角度和碳中和的角度来看，改变膳食结构都是必要的。

在饮食构成中，我们可以选择多吃碳排放较低的食物，例如主要吃水果、蔬菜、谷物和豆类。因为肉类和奶制品生产所排放出的温室气体占全球人造温室气体排放量的 14.5%，主要来自饲料生产和加工以及牛羊自身排出的甲烷（在 100 年间，在大气中增温能力是二氧化碳的 25 倍），一天内放弃肉类和奶制品，一个人碳足迹可以减少 3.6 千克。选择时令的、有机的、当地的食物。因为从远处运输食物，无论是通过卡车、轮船、铁路还是飞机，都使用化石燃料作为燃料和冷却，减少食物运输距离，便能降低运输过程中产生的二氧化碳排放；在食物中，应尽量选择新鲜食材，少吃加工食品，因为其加工过程中也会产生大量的碳排放。

废弃食物的处理，如焚烧、堆肥、沼气和饲料生产等，最终会生成大量的甲烷和二氧化碳气体，即使填埋处理也会增加温室气体排放。可以通过提前计划膳食、冷冻多余食物和重复利用剩菜来减少食物浪费。食物垃圾应分类，这样便于后期集中处理，增加食物垃圾的回收利用率，减少碳排放。践行"光盘"行动理念，减少食物损耗与浪费，将对实现碳中和目标发挥重要的作用。

2021 年 2 月，纽约市长食物政策办公室发布了有史以来第一份十年食物政策规划《NYC 食物向前》。该方案系统地规划了一个可持续的食物系统。从可再生的目的出发，在确保纽约市食物的可持续生产、分配和处理的基础之上，允许自然生态系统、人类文化和社区蓬勃发展。在帮助承认和解决环境不公正的同时，努力在 2050 年前实现碳中和。其具体策略如下：

策略 1：将可持续和动物福利纳入食物规划

➤ 将可持续标准纳入商业废物区合同中

➤ 将可持续性与动物福利纳入市政府食物采购

➤ 在膳食准则中采取环境可持续性的膳食建议

➤ 在 2030 年前收集 90% 的有机废弃物

策略 2：减少食物体系的污染和温室气体排放

➤ 探索冷藏空间更节能的方法

➤ 规划一个更清洁、高效和韧性的食物运输网络

➤ 与公用事业公司合作，鼓励电气化和改善空气质量

策略 3：促进食物和可持续性的创新

➤ 倡导将本地海鲜和海藻纳入种植和认证计划

➤ 为食物保质期制定有研究数据支撑的国家标准

➤ 探讨如何减少食物服务中一次性用品的使用

➤ 立法减少包装和一次性用品的影响

➤ 推动社区废物管理措施

5. 低碳出行，行为碳中和

改变出行方式可以显著减少碳排放。尽可能步行、乘坐公共交通工具、拼车或骑自行车前往目的地，减少开车次数，这不仅可以减少二氧化碳排放，还可减少交通拥堵和随之而来的发动机空转。如果你必须开车，请避免不必要的刹车和加速。一些研究发现，与持续、平静的驾驶相比，激进的驾驶会导致增加 40% 的燃料消耗。照顾好你的车，比如从汽车上卸下额外重量，保持轮胎适当充气可以将燃油效率提高 3%。使用电子地图等交通应用程序来帮助避免陷入交通拥堵。长途旅行，开启定速巡航，可以省油。开车时少用空调，即使天气很热。如果购买新车，请考虑购买混合动力或电动汽车，但也要考虑汽车生产和运营过程中的温室气体排放。由于制造影响，一些电动汽车最初要承担比燃油汽车更多的排放，但三年后它们减少的碳排放量可以

抵消掉制造产生的碳排放。由于电力越来越多地来自天然气和可再生能源，一辆汽车平均每年仍会产生约 5 吨二氧化碳（因车型、燃料效率和驱动方式而异）。因此低碳出行是帮助减少碳排放较有效的方法。

随着碳达峰碳中和工作不断推进，绿色低碳观念不断强化，个人行为需要规范和指南。社区碳普惠制度可通过经济激励等，引导个人自愿参与并持续采用节能减排行为，其中规范合理的激励信号在促进个人低碳行为可持续性方面起到关键作用。因此，我国应建立规范的社区碳普惠制度标准，实现碳普惠行为数据处理、收益量化算法及收益分发等环节的标准化与统一化，引导碳普惠平台与碳市场逐步对接。此外，还应鼓励社区通过建立碳普惠平台，为个人提供低碳激励机制，引导社会广泛采取减少碳排放及增加碳汇的行为。作为个人，我们能做些什么？近日，中华环保联合会发布了《公民绿色低碳行为温室气体减排量化导则》（以下简称《导则》），《导则》明确了个人温室气体排放量化的原则、评估范围、程序、评估内容。

这份《导则》可以视为推进中国"双碳"公众行为的一份重要的里程碑性文件。按照《导则》，公民绿色低碳行为分为衣、食、住、行、用、办公、数字金融 7 个类别。《导则》中发布的公民绿色低碳行为分类表尽管仍有不足，但却能给我们的日常生活带来明确的指导。

表 1 衣物低碳

分类	绿色低碳行为	描　述
衣	旧衣回收	旧衣被回收再利用
	使用可持续原材料生产的衣被	使用可持续原材料生产的衣被

表 2　饮食低碳

分类	绿色低碳行为	描　述
食	减少一次性餐具	减少一次性餐具的使用，避免生产、处理过程中的排放；提供"无需餐具"选项
	植物基肉类替代传统肉类	用植物基肉类替代传统肉类食用
	光盘行动	将自己的剩饭剩菜全部打包带走
	小份 / 半份餐食	小份 / 半份餐食

表 3　生活行为低碳

分类	绿色低碳行为	描　述
住	使用清洁能源	使用光伏、风能、地热等清洁能源
	使用绿色节能产品	使用绿色节能产品，如使用节能、节电等具有中国能效标识的家用电器
	节约用水	洗衣洗菜的水用于冲马桶或浇花；生活中使用节水龙头、节水马桶等具有中国节水标识的产品
	节约用电	夏季空调温度不低于 26℃，冬季空调设定温度不高于 28℃，减少各种家用电器的待机时间
	生活垃圾分类	可回收的生活垃圾（如饮料瓶、包装纸、金属等）分类回收
	绿色建筑或节能建筑	使用绿色建筑或节能建筑

表 4 交通低碳

分类	绿色低碳行为	描 述
行	机动车停驶	每周自愿少开一天车
	公交出行	在可能的条件下，尽量使用公共交通，减少私家车的使用
	步行	在可能的条件下，尽量选择步行，减少私家车的使用
	骑行	在可能的条件下，尽量选择自行车 / 电单车 / 电助力车，减少私家车的使用
	地铁出行	在可能的条件下，尽量乘坐地铁，减少私家车的使用
	拼车出行	合理规划路线，采取拼车出行方式
	使用新能源汽车	驾驶新能源车行驶
	不停车缴费	ETC 缴费
	绿色驾驶	同样的路程，通过合理的驾驶行为节油

表 5 行为低碳

分类	绿色低碳行为	描　述
用	自带杯	在实体店购买饮品时，用自带杯，减少一次性杯子的使用
	绿色外卖	提供"无需餐具"选项，减少一次性餐具使用
	使用循环包装	提高消费后纸包装的回收利用率
	环保减塑	减少塑料使用
	产品租赁	租赁玩具、衣物、电子产品等
	二手回收	回收旧手机、旧衣物、图书等
	闲置交易	买卖闲置物品，减少过度消费
	减少酒店一次性用品的使用	减少出差 / 旅游酒店、民宿等住宿一次性用品使用，如一次性牙刷、一次性牙膏、一次性香皂、一次性浴液、一次性拖鞋、一次性梳子等
	线上问诊	利用网络平台寻医问诊，减少因出行就医带来的碳排放
	电子签约	电子签约是指通过线上达成合约的一种方式，是借助数字签名、信息加密等技术实现直接在电子文档上加盖签名或印章的签署动作
	电子票据	使用电子化票据代替纸质票据，如电子发票

表 6 办公低碳

分类	绿色低碳行为	描 述
办公	无纸办公	无纸化办公
	双面打印	打印机在纸张的一面完成打印后，将纸张送至双面打印单元内，在其内部完成一次翻转重新送回进纸通道以完成另一面的打印工作，以节约纸张的使用量
	在线会议	在线会议又被称为网络会议或是远程协同办公，用户利用互联网实现不同地点多个用户的数据共享，通过在线会议来实现在线销售、远程客户支持、IT 技术支持、远程培训、在线市场活动等多项用途。可以省去差旅跑路的消耗，通过交通替代、纸张替代，减少资源消耗及废弃物处理过程中的碳排放
	电子政务	电子政务是指国家机关在政务活动中，全面应用现代信息技术、网络技术以及办公自动化技术等进行办公、管理和为社会提供公共服务的一种全新的管理模式
	共享办公	共享办公又叫作柔性办公、短租办公、联合办公空间，有以下特点：1、空间共享；2、办公设施共享；3、资源共享

表 7 数字金融低碳

分类	绿色低碳行为	描 述
数字金融	电子支付	指消费者、商家和金融机构之间使用安全电子手段把支付信息通过信息网络安全地传送到银行或相应机构，实现货币支付或资金流转的行为
	电子资金转账	指使用电子通信设备将现金从一方转付给另一方。在电子资金转账过程中不需要使用纸质凭证
	数字货币	一种基于节点网络和数字加密算法的虚拟货币，可节约货币流通成本，节约印制现钞所需要的纸张

注：以上各表为推荐性分类，不包含所有潜在的绿色低碳行为，不作为定义性描述。

6. 媒体对于实现碳中和能发挥什么作用

气候传播是指将气候变化信息及其相关科学知识为社会与公众所理解和掌握，并通过公众态度和行为的改变，以寻求气候变化问题解决为目标的社会传播活动。回溯历史，西方媒体在气候变化还只在环境领域讨论时就开始尝试气候传播实践。最早有关人类活动对气候变化影响的报道可追溯到1932年在美国《纽约时报》上刊登的一条新闻。20世纪70年代，全球变暖的概念开始在媒体上频繁出现。随着气候变化科学研究的发展，20世纪80年代以来，气候变化在欧美科学家的研究基础上已成为全球议题。气候传播也逐渐从环境传播中分离出来，成为一个独立的传播领域。随着对气候变化研究的不断深入，科学界在气候变化的成因、影响和应对上取得的共识越来越多。舆论的主流也逐渐从气候变化是什么转向如何行动上，对气候传播的重视程度得到进一步加强。气候传播的主体、议题、开展的活动及相关研究，从数量到质量都有了显著提升。中国气候传播近几年发展迅速。随着媒体的大力宣传，社会公众对气候变化问题的关注度逐年提高。除传统"国家队"媒体之外，网络新媒体也纷纷加入报道气候变化的行列，企业和非政府组织代表也频频在国际场合发声。中国自2011年德班会议连续举办中国角边会系列活动以来，向国际社会展示中国应对气候变化的政策和行动，取得了积极成效。

气候传播是一个前沿的跨学科课题。由于气候变化问题的复杂性，气候传播的专业性不断增强，"专业知识阐释型传播"不仅需要有国际视野、专业水准，还要贴近大众，喜闻乐见。随着全球气候治理的进程不断加快。减缓温室气体排放，快速实现碳中和已成为主流发展方向和挑战。"双碳"目标的实现，意味着必须进行一场广泛而深刻的经济社会系统性变革。在变革的进程中，围绕气候和气候变化而展开的媒体传播是重要推动力量。这既是挑战也是机遇。围绕积极应对气候变化、助力碳中和这一目标，媒体传播应围绕三条主线展开。

一是气候变化科学事实、政策和应对行动的传播。充分发挥专业媒体、科研机构、领域专家等的作用，围绕最新气候变化科学结论、国家碳中和政策、公众行为等内容组织开展解读、媒体访谈、科普创作等活动，通过科学传播的力量，及时将气候变化知识和行动传递给社会公众和行业从业者。让更多的人认识气候变化，增强低碳意识，树立生态理念，践行绿色发展，使气候变化与气候传播成为社会共识。

二是对气候变化治理机制和进展的追踪。以《联合国气候变化框架公约》为框架的全球气候治理主渠道既是全球应对气候变化的多边平台，也是全球气候治理最权威和信息最为丰富的平台。联合国气候变化大会的进展指示着未来全球气候治理的走向，会场内外各缔约方的博弈与各国的国际政治外交战略、国内相关政策密切相关。大会同时是全球应对气候变化公众参与最为广阔的平台和气候变化信息最大汇集地。客观理性追踪报道，既可避免给国外舆论造成"中国威胁论"的借口，同时也给国民普及科学知识，提高应对气候变化的责任感和行动力。

三是讲好中国故事。中国已成为全球气候治理中的重要参与者、贡献者和引领者。消除西方长期以来对我们的污名化和话语权压制，围绕中国应对气候变化理念和做法，讲好中国故事，传播好中国声音，展示真实、立体、全面的中国，是媒体国际传播能力建设的重要任务。围绕中国应对气候变化和碳中和工作，媒体应围绕研究国外不同受众的习惯和特点，着力打造融通中外的新概念、新范畴、新表述，让中国故事、中国声音更好地为国际社会和海外受众所认同，取得更加精准有效的传播效果。

第二部分

专家访谈

1. 气候变化与碳中和

访谈专家：宇如聪

（第十二、十三届全国政协常委，中国气象局原副局长 ）

为什么碳达峰碳中和这么重要呢？为什么我们国家这么重视？

宇如聪：简单来说，实现碳达峰碳中和是为了应对当前的气候变化，因为当前的气候变化已经严重威胁到人类的生产、生活和生存。它的内涵是很丰富的，要想把这个问题真正理解清楚，大家可能需要从天气、气候、气候变化等一些最基本的概念入手，把概念搞清楚，才能将这样一个国家重大战略决策转化为行动自觉。

如何准确理解天气、气候、气候变化等词汇？

宇如聪：天气是指每天甚至每时每刻，你看到的、感觉到的具体的天气现象，比如刮风、下雨、冰雹、气温高低，以及你看到的蓝天、白云、大雾等。气候，从气象专业的角度理解，是指在一定时间内平均的天气，是一定时期内大气要素的平均状况。通俗地说，天气和气候的区别在于一个是每时每刻的大气现象，一个是较长时间段平均的大气状态。

但是，气候又不单纯是气象学角度上的冷热和干湿问题，它实际上涉及整个地球系统多个要素，比如，平均的海平面高度、冰川、雪盖等。着眼于地球系统来说，气候可理解为，在一个基本稳定的外强迫作用下，地球系统内部各成员，专业术语称为各圈层，特别是大气、海洋、陆地等各个部分相互影响所形成的动态平衡的地球环境状态。

人们经常会用全球变暖来指代气候变化，那是因为温度在某种意义上体现的是能量，表征的是气候的驱动力。所以说地球上的大气也好，陆地也好，海洋也好，方方面面的气候要素的状态变化，通常都与温度有关。实际上以地球温度变化为代表的气候变化，通过改变地球系统的能量收支和能量循环会带来一系列其他要素的变化。

一般情况下，气候跟天气一样也总是在变的，今天的天气跟历史上某一天一模一样几乎是不可能的。同样，这一个月的气候跟历史上某个月的气候一模一样，也是不大可能的。这就说明，无论是天气还是气候都是在变的，变是正常的。在自然系统当中，或者说地球系统，有它本身的自然恢复力，它可以有变化，而且可以在一个相当幅度的范围内发生变化，但自然系统本身的恢复力，可以把它拉回到平衡点，保持一个动态的平衡状态。但是，当出现某种外强迫，而且这种外强迫始终保持并且以一种模态不断增强时，这种情况就相当于给自然系统一个单方向持续的外作用力，比如一个弹簧，拉开以后松手，它可以弹回去，但是如果你始终拉着它，并且还越拉越用力，它就回不去了。最近 100 多年来，或者说从工业化时代以来，大气的温度总体上来看是直线上升的。近年来，我们不仅感受到了明显的变暖，还感受到了与其相关的气象，甚至地球系统，多要素的显著变化或极端变化。2020 年，我国从南到北降水量都是很大的，比如川西和华北。2021 年出现了非常极端的河南"7·20"暴雨。2022 年，大家也都感受到了长江流域的极端干旱，特别是天府之国的四川盆地，也是旱得很。本来七八月份应该是这个地方的雨季，但是也都非常干旱。并且这几年不仅仅是中国，全球气候异常都非常明显。这样的异常已经给我们的生产生活带来了很大的挑战。

除了天气、气候，还有哪些概念需要向我们网友普及？

宇如聪：可能要先从碳的温室效应开始说起。温室气体的含义是什么呢？我们知道，整个地球系统运行的能量主要来源于太阳辐射，且主要是靠地表吸收。由于太阳辐射的波长相对较短，大气本身对太阳辐射基本上不能直接吸收，太阳辐射以短波的形式被地面吸收，加热地球，地球会按地表温度向外长波辐射，以达到能量平衡。这时候大气中的二氧化碳、甲烷、水汽、氧化亚氮以及臭氧、一氧化碳等极微量气体具有吸收和截留长波辐射的功能，被称为温室气体。所以大气中的温室气体越多，增温效应就越强。大气中存在适当的温室气体是必要的，因为如果没有温室气体，那么我们地球现在的平均温度就是零下19℃，而不是零上14℃。

也就是说，适当的温室气体是有益的，没有温室气体也是不行的。正是地球系统经过多年的演变，才给了我们今天这么好的适合人居住的地球环境。但是，温室气体太多了也不行。太多了，地球温度就太高了。

对于近百年来地球的温度变化，科学家经过大量的科学研究、各种实验，现在基本弄清楚了主要因素为何。这里面有自然因素，既包括太阳活动，还包括火山活动，当然也包括人类活动。科学家通过各种计算机模拟实验，最后发现只有考虑人类活动的作用，才能再现近百年的全球变暖的趋势；只有考虑人类活动对气候系统的影响，才能解释今天大气、海洋、陆地以及我们已经感觉到的各种极端天气气候事件的变化。

人们什么样的活动造成这种气温上升呢？

宇如聪：是人类活动的温室气体累积排放导致了当前的全球变暖。科学家们给出了人类活动累积排放的二氧化碳曲线和地球温度的变化曲线，二者存在着显著的线性相关的关系。而且这样的变化已经带来了地球其他圈层类似的变化。比如海平面上升，是3000年来最快的；北极的海冰范围是1000年来最小的；全球冰川退缩是2000年来最严重的。

前述内容，基本上都是依据IPCC的气候变化评估成果。2021年8月IPCC发布了《气候变化2021：自然科学基础》，再次强调人类活动导致的大气温室气体浓度持续增加，造成温室效应进一步增强，要维持适合人居的地球气候，就必须要控制全球地表平均温度的温升幅度，控制人为二氧化碳累积排放量，使其不再增长。要使人为二氧化碳累积排放量不再增长，就需要在人为排放和人为吸收之间达到平衡，所以就提出了要实现碳中和来应对当前的气候变化。

到底什么是碳中和？怎样正确理解碳中和？它中和的是什么？

宇如聪：大气当中本来就有碳，当然也有温室气体。人类存在于地球，也一定有人类在其上排放的温室气体。人类活动排放的二氧化碳一部分留在了大气中，一部分会被海洋、陆地所吸收。1850—2019 年，人类活动已经累计排放了 2.39 万亿吨二氧化碳，其中大概有 1.43 万亿吨被海洋和陆地自然生态所吸收，其余的则留在大气中。二氧化碳和气溶胶不一样，它是一种长寿命气体，在大气中不会随便消失，留在大气中也就起到了增强温室效应的作用。那碳中和是否就是要按这样的比例把留在大气中的二氧化碳中和掉呢？这样的理解是不够准确的。刚才说了，工业化以来人类活动已累计排放了 2.39 万亿吨二氧化碳，其中被海洋和陆地吸收了 1.43 万亿吨，那地球系统是不是会始终按这个比例来吸收人为排放的二氧化碳？答案是不会的，海洋和陆地并不是始终按照这个比例来吸收人为排放的二氧化碳。随着人类活动排放的二氧化碳越来越多，自然系统的固碳效果就会越来越弱。这也是容易理解的。IPCC 对未来的人类活动设定了 5 种排放情形：很高、高、平均、低、很低。如果将来按照低和很低的排放情景去控制，海洋和陆地的吸收能力都会比现在更强。如果要按照高和很高的排放情景，海洋和陆地未来的吸收能力会比现在都要弱得多。IPCC 给出的定义是，碳中和指的是人为排放和人为吸收之间的中和，不受自然过程的影响。也就是说，不受人为控制的自然过程所排放和吸收的二氧化碳不能被用来计算碳中和，人类活动也不会再降低自然系统的固碳能力。另外，考虑到碳中和的根本任务是让人类活动不再进一步恶化人类的生存环境，还有一些更深入的理解。人类活动的影响不仅体现在只是排放二氧化碳，还有其他温室气体，包括甲烷、氧化亚氮等，而且这些气体占的比例也不小。所以，全面实现碳中和的目标，至少还要把它们也考虑进去。同样还要考虑到像冰冻圈融化以后，冻土地带就会释放出来一些储存在里面的碳或者甲烷；还要考虑到冰雪覆盖等变化所形成的气候系统的正反馈过程，比如黑土地地区的冰雪持续融化，改变了地表反照率，黑土地地表接收的太阳辐射能量肯定比冰雪覆盖的地表多得多，地表吸收的热量增多就更利于变暖，冰雪融化得更快。也就是说，要想真正控制温升，还需要通过中和的方式使人类活动的其他影响也达到净零影响，即实现"气候中和"。

碳排放的空间到底还有多少？

宇如聪： 如果把全球地表温度升高控制在不超过工业化前 1.5℃ 这样一个水平，那么 2020 年后剩余二氧化碳排放空间只有 5000 亿吨。如果说温度升高要控制在不超过 2℃ 的水平，那么剩余排放空间是 1.35 万亿吨。虽然只相差 0.5℃，但排放空间相差是很大的。IPCC 第六次气候变化评估报告将未来人类社会的碳排放分为很高、高、中、低、很低五种情况来考虑，仅有很低和低两种排放情况才可以分别实现 1.5℃ 和 2℃ 的温控目标，就是说排放很低，可以控制到 1.5℃，排放低，可以实现 2℃ 温控目标。所以这个排放空间很有限。

现在碳中和已经成为全人类的共识和行动目标。这是很长的一个过程，其实能够行动起来也是很难的。请您给我们介绍一下全球治理的进程。

宇如聪： 的确，气候变化是全球问题，同样，也只有在全球尺度上的碳中和才等同于净零排放。"碳中和"事关整个人类，与每个国家、每个民族、每个人都息息相关。这样的事情，达成共识就不容易了。要想大家都统一行动那就更难了。但是，由于气候变化的的确确已经对人类产生了很大的影响，甚至某种意义上在未来也存在着很大风险，所以国际社会还是非常重视的。早在 1972 年，联合国人类环境会议就在瑞典斯德哥尔摩召开。这次会议开启了关于生态环境、气候变化和可持续发展的全球治理进程。经过 50 年的努力，国际社会形成了科学和政策两个相互支撑的、比较有效的全球气候治理模式。科学就是 IPCC，是 1988 年成立的政府间气候变化专门委员会。政策就是《联合国气候变化框架公约》（UNFCCC），是 1992 年在联合国环发大会上通过的。

IPCC 和 UNFCCC，一个从科学角度，一个从政策角度，形成了全球气候变化治理的高效体系。科学支撑着政治，支撑着决策。这个框架公约所确定的目标就是稳定温室气体的浓度水平，以使生态系统等自然适应气候变化，确保粮食生产免受威胁，并使经济可持续发展。公约的一项基本原则是"共同但有区别的责任"原则。这是因为，二氧化碳排放到空气中后的寿命非常长，我们现在大气中的二氧化碳很多都是发达国家的历史排放所造成的，发达国家也承认，所以"共同但有区别的责任"原则可以让全球发达国家、发展中国家都坐在一起，把这个事情往下谈。第一次的 IPCC 评估报告支撑了《联合国气候变化框架公约》的出台，后面每一次 IPCC 报告都对应着重大进展，比如，1995 年发布的第二次评估报告对应的是《京都议定书》的出台，2014 年发布的第五次评估报告支撑了《巴黎协定》和《联合国 2030 年可持续发展议程》的出台。

《京都议定书》是人类历史上首次以国际法律形式限制温室气体排放，提出了发达国家的减排目标。大家可能知道《京都议定书》的第一承诺期、第二承诺期，主要都是对发达国家要求的，应该说它的法律效力还是可以的。这两个承诺期的减排任务都基本完成，所以效果还是挺好。

《巴黎协定》和《联合国 2030 年可持续发展议程》彰显了全球合作应对气候变化和可持续发展转型之路的大趋势是不可逆的。全世界各国都已经认识到，应对气候变化是当前全球面临的最严峻的挑战之一。积极采取措施应对气候变化，已经成为各国的共同意愿和紧迫的需求。2022 年发布的研究报告显示，目前全球有 24 个国家已经实现了不同力度的减排。所以应该说，50 年来国际社会的全球气候治理还是很成功的，而且共识越来越高。虽然也存在一些争议，但是总的来说，整个大方向是不可逆转的。

关于碳中和工作，中国都采取了哪些行动？

宇如聪：中国对全球气候治理是非常重视的。联合国政府间气候变化专门委员会（IPCC）是世界气象组织和联合国环境署联合推动建立的，而当时的世界气象组织主席就是我们的前任中国气象局局长，中国在推动 IPCC 成立方面作出了很重要的贡献。习近平总书记多次指出，积极应对气候变化，是中国可持续发展的内在需要，也是负责任大国应尽的国际义务；这不是别人要我们做，而是我们自己要做。中国一直在积极务实地推进全社会加速向绿色低碳转型。2020 年与 2005 年相比，我们国家的能源结构进一步优化，煤炭占一次能源的比重从 72% 下降到 56.8%。非化石能源占一次能源的比重从 7.4% 提高到 15.9%，可再生能源装机总量占全球三分之一以上，新增装机量占全球一半以上，新能源汽车保有量世界第一。

发达国家和发展中国家对碳的排放需求其实是不一样的。对于我们这种发展中国家来说，实现碳中和是不是需要承担得更多？

宇如聪：是的，欧盟国家普遍在 20 世纪八九十年代就达到了碳排放峰值。欧盟承诺的碳中和时间与碳排放峰值的时间相隔了六七十年。美国在 2010 年前也已经达到了碳排放峰值，与承诺的碳中和时间相差也有四五十年。我们从碳达峰到碳中和只有三十年的时间，这是非常不容易的。在这三十年的时间内需要完成能源结构的大调整，这意味着我们从现在就要开始调整了。不仅是能源结构的大调整，还包括我们的一些生产生活方式都要相应改变，时间非常紧迫，所以我们的任务是非常重的。因此，未来中国在应对气候变化行动上需要付出比发达国家更为艰苦卓绝的努力。

首先，我们这样一个大的战略涉及经济社会系统性的转型，必然会给各行各业，甚至给我们每一个社会成员都带来非常深远的影响。各行各业、每个人都应该有这样的思想准备和心理准备，我们都会遇到不同程度和不同形式的挑战，所以需要紧跟时代，认清、认知新理念、新格局、新业态，及时调整自己的生活方式、工作方式和思维方式，全面形成绿色低碳的行动自觉或者说行动理念。

其次，要减少我们人类活动排放的温室气体，就要减少化石燃料的使用，首先需要做的就是能源革命。要大力提升可再生能源对实现碳中和的贡献。新型电力系统建设是能源和电力部门实现双碳目标的根本举措。我们国家拥有的风能、太阳能等可再生能源是非常丰富的。风能也好，太阳能也好，都是跟天气和气候有密切关系的。中国气象局正在大力开展对风能、太阳能更精细化的评估，因为未来的发展需要高质量，高质量就要做到精细化，所以我们希望能够更精准地摸清我们国家风能、太阳能等可再生能源的情况，建立国家级精细化管理风能、太阳能、水能的体系，做出一个能源图谱，努力提高气候资源预报的准确率。还要加强温室气体排放相关的监测，加强对一些气候风险的评估能力，包括一些标准制度的建设以及综合监测。我们现在正在发展更高质量的碳循环模式，构建更全面的数据库，目的是实现碳收支的可测量、可报告、可核查，提升对碳汇潜力的监测和评估能力。

地球系统的碳循环是很复杂的，我们不能简单地按照现在的海洋和陆地吸收人类排放的比例来估算，未来这都是变化的，而且地球系统本身还有其他的变化，所以把碳循环、碳收支搞清楚至关重要。在这一块，中国气象局也早就开展了部署，我们已经初步建立了省市联动的加密协同的监测体系，覆盖气候系统关键区和重点城市，逐步实现地面和高空卫星观测一体化的碳循环综合监测。再比如青藏铁路工程，也涉及气候变化的影响：相对于地球其他地方，青藏高原是一个对气候变暖比较敏感的地方，因为在这里地表跟气候之间的关系非常密切，如果地表改变了，就会形成气候反馈，特别是冰冻圈的冰雪融化了，地表吸收热量更多，就更热了；更热了以后冰雪融化得就更快了。所以说北极、高原的增温速度比其他地方都来得快。人类在未来的活动中必须要去考虑这些气候变化带来的潜在影响，加强气候可行性论证等相关的科学支撑，才能保证我们国家未来绿色低碳高质量发展能够稳步扎实地向前推进。

在全球气候治理中，中国是不是有很充分的话语权？

宇如聪：对，应该说我们国家在全球气候治理中的话语权越来越重。一方面，国家的经济实力、科技实力都强了以后，国际的影响力大了，尤其科技支撑能力也越来越强了。我多次作为中国代表团团长参加IPCC活动，从历次会议的变化来看，近几年，特别是在IPCC第六次评估周期中，中国在大会中的发言影响力跟以前大不相同。正因为中国政府的高度重视，我们也已有很好的科技支撑，有很高的国际影响力，所以国际上对中国的每次发言也是非常重视的。中国气象局是IPCC牵头单位，国家气候变化专家委员会的挂靠单位，也是一些国际教育规划、谈判等成员单位。所以未来怎样把这个事情做好，包括围绕应对气候变化相关的可持续发展建设，怎样给国家建言献策，我作为第十三届全国政协委员，近两年围绕这些问题的提案，都得到了全国政协的高度重视。关于青藏高原气候变化相关的问题，中国气象局原局长刘雅鸣和我曾联合提出一个提案，这个提案不仅是2021年全国政协的重要提案，也是本届政协为数不多的重要提案之一。

对我们这个碳中和科普活动，您有什么寄语和期待？

宇如聪：整体的全球气候治理是以科学为基础的，IPCC始终提供了科学支撑，这是一个科学内涵很深的工作，又涉及每个公民。所以每个公民怎么去深入理解这个问题就非常重要了，从而使碳中和的科普活动就显得更加重要。科普活动不仅仅是让大众了解一些科学知识的问题，还和人人提高安全意识有关。如前不久在四川发生的泥石流事件，如果不提高安全意识，类似事件的灾害影响就会日益严峻。再比如，大众有时也会觉得天气预报可能不是那么准确，坦率地说，天气气候问题实际上是一个非常复杂的问题。应该说这么多年来，随着国家经济实力的提高，国家和各级政府对气象工作的投入持续增加，监测能力、预报能力和服务能力应该是都大大增强了。再怎么说，今天的气象预报比10年前、20年前肯定是精准多了，但是再精准，气象预报也永远不可能百分之百准确。科普行动可以让公众科学认知天气的复杂性和不确定性，科学应用气象部门发布的各种预测、预报、预警信息，提高防灾减灾意识，增强对天气过程、天气现象，以及气候变化的趋利避害能力。

为什么我们要加强气候变化科学研究，提升我们的话语权呢？气候变化问题也是存在不确定性的，可能未来的升温比我们估算的还要厉害，也有可能没那么厉害，它是有一个幅度的，但这个幅度怎么把握，要慢慢去积累。总的来说，我觉得实现碳中和以及应对气候变化需要全球的参与，我们大家都要有这个风险意识，增强风险意识、安全意识、参与意识和责任意识。**减少排放和适应不断变化的气候，事关我们每一个人。**

扫码观看访谈视频

2. 全球气候变化的原因和影响

访谈专家：翟盘茂

（IPCC 第六次评估报告第一工作组联合主席，
第四届国家气候变化专家委员会副主任委员，中国气象科学研究院研究员 ）

如何才能正确理解气候变化这个概念呢？

翟盘茂： 为了正确理解这个概念，我首先介绍一下什么叫天气和气候，天气是我们每天所经历的，体现为风雨阴晴、多少温度，等等，是大气的"短期表现"。气候，常常是一个地区几十年来天气状况的一个总体的特征。气候也会发生变化，比如几十年前，某地的平均温度大概是 10℃ 或者 20℃，但是几十年之后，平均温度升高了。再比如，某地的年降水量在几十年前是四五百毫米，但是现在可能减少了或者增加了。温度的升高，降水的变化，甚至一些极端天气事件强度和频率的变化，都属于我们气候变化的实例。

但是今天我们讲的气候变化远远不止这些。现在我们讲的气候变化是在一个我们生存的地球系统里边，受到了人类活动的影响，包括大气圈、水圈、冰冻圈、生物圈，都发生了变化，具体包括地表温度的上升，海平面上升，海洋热量、酸度的改变，以及冰川的退缩，多年冻土层的变化，积雪、海冰的范围缩小，生物多样性锐减等。这些变化都跟气候变化有关，都是气候变化的一部分。

气候变化会影响到多个圈层，那么对这些圈层来说，到底发生了什么样的变化呢？

翟盘茂：首先讲大气。我们观测到大气的成分发生了变化，比如说二氧化碳含量，包括其他的一些人类可能排放的温室气体的含量都发生了剧烈的变化。现在二氧化碳浓度处于 200 万年来的最高水平，甲烷和氧化亚氮的浓度达到 80 万年来最高水平。另一方面，高纬度地区、低纬度地区的温度变化也不一样。

海洋面积占地球表面的三分之二，海洋里海水的热量增加得特别快，变暖的速度比过去 1 万多年来的任何时期都要快。并且因为变暖，冰冻雪融化，海平面上升了 20～30 厘米，这超过了至少 3000 年来的任何时期。还有一点，二氧化碳不仅排放到了大气中，还有一部分进入海洋，造成海洋酸化。海洋酸化对珊瑚礁生态系统等会产生很大的影响，这种酸化程度也是 200 万年以来非常异常的一种变化。

还有冰冻圈，我们地球上很多冰冻的区域都在快速融化。总体而言，从 1950 年以来出现的冰川广泛消退，至少是过去 2000 年以来没有出现过的。与 20 世纪 80 年代相比，北冰洋夏季海冰的面积减少了 40%，目前北冰洋的海冰面积也是过去 1000 年以来最小的。北半球的积雪从 20 世纪 70 年代末开始减少。一些常年结冰的陆面区域已经变暖，并且开始融化。

我们可以看到大气、海洋、陆地表面、冰冻圈都在发生一些显著的系统性变化。面对全球范围内的这样错综复杂的气候变化，人类越来越清楚，这些气候变化受到人类活动的影响。

近百年来气候到底有着什么样的变化呢？

翟盘茂：现在气候变化问题，已经非常广泛，而且在迅速加剧，我们经历的一些变化，在过去几千年，甚至上百万年的时间里都没有发生过。

变暖表现在四个方面：第一，变暖几乎无处不在；第二，变暖的速度特别快；第三，它逆转了长期变冷的趋势；第四，地球历史上已经很久没有像现在这么暖和了。

首先讲讲这种变暖的普遍性，工业革命以来，特别是 20 世纪以来，全球几乎是普遍增暖，但是它具有区域性特点，陆地上的增暖要比海洋上更明显一些，特别是北极地区，要比低纬度地区暖得更厉害一些，像青藏高原的变暖速度可能就要比平原地区和全球极地以外的其他地区快一些。

气候变暖还有一个特征，就是冬天变暖的速度要比夏天更快一些。再一个就是我们从长时间来看，虽然我们听到很多故事说我们哪个朝代比现在暖，但是 IPCC 得出来的结论是，从全球来看，过去 50 年的变暖，从我们收集的大量证据分析，是过去 2000 年都没有经历过的，目前的气候可能是 10 万年来最暖的。

我们都知道，过去 200 万年地球是在冷暖之间波动的。这个波动是因为有冰期和间冰期，冰期的时候就冷，间冰期的时候就暖一些，但是末次冰期到间冰期增暖的速度大约是 1000 年增暖 1.5℃，而自 19 世纪后期以来，不到 200 年的时间里增暖了 1.1℃。而且这 1.1℃逆转了我们地球气候的长期变化趋势，因为过去 6000 年来，地球气候是慢慢变冷的，目前地球处于一个快速增暖的时期。所以 19 世纪后期以来的增暖赶上了之前 1000 年才会有的程度，这是非常异常的。另外一方面，气候变化不仅仅是刚才讲到的温度升高，气候系统中的最主要的圈层，我们的大气、陆地、海洋、冰冻圈都发生着广泛而深刻的变化。

近几年我们越来越多地听到 IPCC 这个简称，您作为 IPCC 第六次评估报告第一工作组联合主席，能不能具体介绍一下 IPCC？

翟盘茂：随着大家对气候变化关注度的提升，还有随着越来越多的新闻报道，一个词也常常进入我们的视野，就是 IPCC。IPCC 中文全名为"政府间气候变化专门委员会"，这个机构是一个评估气候变化相关科学进展和认知的国际机构，它是 1988 年世界气象组织和联合国环境规划署联合建立的一个联合国政府间机构。世界气象组织和联合国所有的成员国（接近 200 个）

都可以参加IPCC。IPCC的目的主要是以全世界公开发表文献为基础，以综合、客观、开放、透明的方式，对气候变化的科学认识、影响风险，以及与适应、减缓选择方案进行全面系统的科学评估。IPCC评估报告的所有内容要与政策制定有关，对我们如何应对气候变化，有政策制定方面的意义，但是不能带有政治倾向性。我们要做什么事，是根据科学的进展评估得来的，它最后的结果还要得到各国政府的批准和同意，最后能为各国政府的决策提供支撑。

为了避免利益冲突，IPCC的作者和所有报告的评审人员，还有主席和所有的当选成员全部是志愿者。IPCC有三个主要的工作组，我目前是第一工作组的联合主席。国家气候中心的丁一汇院士是IPCC第三次科学评估报告第一工作组的联合主席。秦大河院士，也是中国气象局的原局长，是IPCC第四次和第五次报告第一工作组的联合主席。

第一工作组的工作是评估气候与气候变化科学认知的最新进展；第二工作组的工作是评估气候变化的影响；第三工作组的工作是提出减缓气候变化的可能对策。IPCC并不是自己直接来开展科学研究，而是收集每年发表的成千上万份科学论文，请各个国家遴选出来的优秀科学家们来对这些论文进行综合分析。通过分析获取关于气候变化的最新科学认识，气候变化产生的影响风险，以及如何应对的信息会客观如实地告诉全世界，告诉我们的决策者。所以IPCC报告就是要告诉大家，在科学方面，我们达成了哪些共识，还有哪些不清楚，需要进一步深入研究。

IPCC报告极大地影响着我们气候变化公约方面谈判的进程和走向。例如，1990年发布的第一次IPCC报告确认了气候变化问题的科学基础，促使联合国大会作出制定《联合国气候变化框架公约》的决定，推动了1992年《联合国气候变化框架公约》的签署。1995年发布的第二次IPCC的评估报告为《京都议定书》的谈判提供了坚实的科学依据，推动了1997年《京都议定书》的通过。到了2007年，由于第四次评估报告的发布，IPCC获得了诺贝尔和平奖。IPCC第五次评估报告对《巴黎协定》的签署作出了重要贡献。

气候变化对于生态环境的影响是什么呢？

翟盘茂：因为气候变化会影响气候带、气候带物种的分布，对生态系统的结构和功能都会产生影响。当然这些受影响的自然系统里，许多物种对气候变化是具有一种自我适应能力的。但是研究证据表明，它们目前快速适应气候变化的能力也是有限的。因为对许多物种来说，自我调整适应和响应的速度，跟不上气候变化的速度。因此气候变化对生物的多样性也产生了非常重要的影响，无论是陆地上的生物还是海洋中的生物，如果跟不上变化的步伐的话，就可能会灭绝。

人类的生存和社会发展需要生态环境提供条件。说到人类生存，那我们当然离不开粮食了，气候变化对粮食安全又有什么样的影响呢？气候变化首先会改变作物的种植区域，使得中高纬度和温带地区作物的生长界线向高纬度高海拔地区推移，这是一个方面。另外气候变暖之后，冬季病虫害容易越冬，病虫害的发生会日益严重和频繁。

前面讲到了人为引起的气候变暖是因为温室气体的大量排放。一些温室气体会阻碍作物产量的增长，地表臭氧浓度的增加和甲烷的排放，会加剧这方面的不利的影响。此外，极端天气事件频发，例如干旱、强降水、风暴等都会加剧影响粮食安全、影响国际粮价等。所以气候变化会通过一系列的方式影响粮食安全。

如果这样持续发展下去的话，气候变化对我们的未来会造成什么样的危险呢？

翟盘茂：全球持续升温的这种变化会影响到水循环和季风系统，从而对气候的极端性和变异性产生重要的影响。

在 IPCC 评估中就有对未来风险的评估，是从以下几个方面来看的。一个是独特的、受威胁的系统，这一系统中包括对气候变化特别敏感的珊瑚礁，珊瑚对温度是非常敏感的，温度升高 1℃或 2℃都有可能影响珊瑚的生长环境，导致珊瑚白化，最终死亡，很多大堡礁的珊瑚已经死亡了。另外还包括极端天气气候事件变化，例如极端的高温热浪，2022 年夏天长江流域经历了创纪录的高温。应该来说现在全球几乎是所有地区都经历了高温热浪强度加大、频率加强的事件。还有一个就是强降水，在整个世界有比较完整数据记录的区域里，都检测到了强降水频率和强度增加的迹象，很大程度上可以归因于人类活动的影响。此外，人类活动导致气候变化和气候变暖，会改变陆地的蒸发能力，蒸发加剧了之后，会导致干旱，对农业和生态系统产生巨大影响。现在大家主要看到的是高温，但是低温相对来说强度减小、频率减少，这就是复合性的事件，所谓复合性的事件就是高温跟热浪，高温跟干旱结合在一起。

如果全球变暖加剧的话，极端热的事件、强降水的事件，前面讲到的对农业和生态系统产生影响的干旱事件、强度和频率，以及强热带气旋的总占比都会增加。而且随着全球气候的进一步变暖，我们以前没有遇到过的极端事件，也可能发生，而且越罕见的极端事件，其频率的增长越快。这些影响，有一些是可逆的，例如温度，如果我们控制住升温，这种极端事件相应发生的频率和强度也控制住了。但是有一些变化已经至少在百年甚至在千年的时间内不可逆了。比如冻土的融化和海平面的上升，这些影响短时间内是不可逆的。越来越多生活在低洼地区的人面临着海平面上升、海岸下沉等风险。

扫码观看访谈视频

3. 气候变化监测与评估

访谈专家：张兴赢

（第十三届、十四届全国政协委员，中国气象局科技与气候变化司副司长，研究员）

目前全球对气候变化的监测手段有哪些？主要监测哪些要素？

张兴赢： 地球气候的变化及其不利影响是人类共同关心的问题，气候变化是 21 世纪人类面临的最大挑战。《联合国气候变化框架公约》（以下简称 UNFCCC）是以应对全球气候变暖给人类经济和社会带来不利影响为目标的国际公约，旨在控制大气中二氧化碳、甲烷和其他造成"温室效应"的气体的排放，将温室气体的浓度稳定在使气候系统免遭破坏的水平上。为了在减缓和适应气候变化方面作出决策，UNFCCC 要求对全球气候系统进行系统化监测。

天气和气候观测系统的国际协调始于 20 世纪中叶，并在 20 世纪六七十年代迅速发展起来，因为计算机和地球观测卫星的出现激发了业务化的世界天气观测网和全球大气研究计划的建立。20 世纪 80 年代的重大进展体现在认识和预测气候将需要更广泛的科学团体的参与和对整个大气、海洋、陆地、气候系统的全面观测。

关注气候变化的科学家从一开始就认识到观测对理解大气的重要性。如果没有在所有时间和空间尺度上准确、高质量的观测，有关气候变化的科学研究和服务只能取得有限的进展。

1992 年，世界气象组织、联合国教科文组织的政府间海洋委员会、联合国环境规划署、国际科学联盟理事会共同发起建立了"全球气候观测系统"（Global Climate Observing System，GCOS），旨在为监测气候系统、检测和归因气候变化、评估气候变化影响以及支持开展气候系统模拟和预测的相关科学研究提供所需的综合观测资料。为了适应气候系统观测的需要，GCOS 提出了基本气候变量（ECV）的概念。ECV 的获取主要依靠协调的观测系统，采用成熟的技术，并尽可能地利用历史数据。与 ECV 有关的观测气候数据称为气候数据集（Climate Data Records，CDRs）。

GCOS 在气候信息系统的定义方面支撑联合国气候变化框架公约的需求，地球观测卫星委员会（CEOS）和气象卫星协调组（CGMS），以联合工作组的形式协调卫星观测以实现 GCOS 的计划。CDRs 的 ECV 通常是来自一个卫星和地面的综合观测。

ECV 基本气候变量清单包括大气类、海洋类、陆表类三大类共计 53 种基本参量。其中，大气类分地面大气、高层大气和大气成分三小类共计 18 种；海洋类分物理、生物地球化学、生物学生态系统三小类共计 17 种；陆表类分水文、冰冻圈、生物圈和人类对自然资源的利用四小类共计 18 种。

卫星在气候变化监测中所起的作用是什么？风云卫星和碳卫星的作用是什么？

张兴赢： 全球气候变化监测依赖气候变量的长期监测数据。监测数据的主要来源有地面观测、卫星观测、气候模式模拟以及结合模式模拟和卫星观测的综合再分析资料。卫星观测对于大多数 ECV 贡献巨大，在 GCOS 定义的 53 类 ECV 中，一半以上主要来自卫星观测，有几个专门来自卫星观测。根据 CEOS 的调查统计，目前，世界上主要的卫星气候数据集生产、评估机构是美国航空航天局（NASA）、美国国家海洋和大气管理局（NOAA）、欧洲气象卫星应用组织（Eumetsat）和欧洲航天局（ESA）等。其中，NOAA 发起了一项卫星气候数据集（CDR）计划，采用最成熟、最科学的方法将存档的历史卫星资料处理成长期、一致的气候记录，用于气候变化和变率研究。

目前，美国国家气候资料中心（NCDC）CDR 发布的数据集包括 AMSU 亮温、AVHRR 反射率、静止卫星红外通道亮温、HIRS 通道亮温、MSU 亮温、SSMI(S) 亮温等基本气候数据集，AVHRR 地表反射率、NDVI、雪盖等陆地气候数据集，海冰、海表温度等海洋气候数据集，气溶胶光学厚度、云参数、大气温度、降水等大气气候数据集，这些数据集将逐年增加。近年来，欧洲议会和欧空局中也将气候变化倡议（Climate Change Initiative，CCI）列为其重点发展计划。CCI 计划中发布了利用卫星资料制作的涵盖大气、地表、海洋、冰冻圈的 22 类长序列科学数据集，最早从 1978 年开始。

自联合国政府间气候变化专门委员会（IPCC）第五次评估报告以来，卫星提供了大量关键大气和地表参量观测资料，确保在大范围内进行持续监测。采用不同的微波卫星数据、原位森林普查数据和同位激光雷达，结合中分辨率成像光谱仪（MODIS）有助于改进地表温度、碳储量和因森林砍伐引起的人为变化的量化。来自 MODIS 和其他遥感平台的归一化植被指数（NDVI）时间序列被广泛应用于评估气候变化对干旱敏感地区植被的影响。新的卫星气象观测能力，例如 Himawari-8 上的先进多光谱成像仪还可以改进，进行具有挑战性的量化监测，例如监测多云地区植被季节性变化。

近年来，风云卫星在多项国家项目支持下，开展面向气候应用的长序列气候数据集生产研制，目前已生成时间跨度 30 年以上长序列数据集 6 种以上，并在 ENSO、MJO 监测等多项气候监测研究中应用。

二氧化碳是最主要的温室气体。其中人类二氧化碳的排放清单是各个气候模式必要的输入变量。一直以来，二氧化碳的排放清单统计采用自下而上的方式，通过走访、调查等方式获取。但存在调查不够完整、变化较快等不确定性问题。因此近年来随着各个国家碳卫星的发射，利用卫星获取的大气二氧化碳浓度，采用碳通量模式与同化系统，能够对排放清单进行核查，这称为自上而下的方式。2009 年，日本宇宙航空开发机构（JAXA）发射了全球第一颗碳卫星 GOSAT，2014 年 NASA 发射了轨道碳观测卫星 OCO-

2，2016 年中国发射了第一颗我们自己的碳卫星（TanSat），2017 年发射了 FY-3D，2018 年发射了 GF-5(01)，2021 年发射了 GF-5(02)，2022 年发射了 DQ-1，目前科技部正在准备立项研制第二颗碳卫星。

我国气象部门在碳达峰、碳中和中所起的作用是什么？

张兴赢：中国气象局是应对气候变化工作的基础性科技部门，是国家应对气候变化及节能减排工作领导小组成员单位，是 IPCC 中国事务牵头组织部门，是国家气候变化专家委员会办公室单位，是中国参与《联合国气候变化框架公约》国际谈判的重要成员单位。

长期以来，中国气象局坚持科技型、基础性、先导性事业定位，加强综合观测和基础数据建设，聚焦极端天气气候事件应对和气候变化适应，开展科学研究和气候变化监测评估，深度参与国际气候治理，推进气候资源的开发和利用，加强气候变化科普工作，为国家应对气候变化提供了坚实的支撑服务。

首先，中国气象局是国内气候变化应对机制建设的重要支撑部门。气象部门积极参加《中国应对气候变化国家方案》《应对气候变化工作方案（2022—2025）》《中国应对气候变化的政策与行动》《中国应对气候变化科技专项行动》《国家适应气候变化战略 2035》等的编制，参与制定中国气候变化外交谈判总体方略和对外承诺方案，推进应对气候变化相关立法进程。

第二，中国气象局是国家气候变化专家委员会的发起和支撑单位。2006 年，根据时任主席胡锦涛同志和时任总理温家宝同志的重要批示，组建国家气候变化专家委员会，并将办公室设在中国气象局。2008 年 6 月，在温家宝总理主持召开的第二次国家应对气候变化领导小组会上，专家委员会被确定为国家应对气候变化及节能减排工作领导小组的专家咨询机构。多年来，气候变化专家委员会围绕科学认识气候变化、国内应对战略和国际应对策略开展研究，在关键科学认知、适应行动、排放峰值与战略目标、低碳发展、国际谈判策略、国家自主贡献（NDC）目标更新、3060 双碳目标等方面，形成了 50 余份咨询报告，为我国应对气候变化内政外交及重大活动提供了坚实的决策支撑。

第三，中国气象局是 IPCC 国内牵头单位，是国际气候变化制度建设的重要参与者。1988 年，在时任世界气象组织主席的中国气象局局长邹竞蒙同志的推动下，世界气象组织和联合国环境规划署联合建立 IPCC，此后 30 多年来，IPCC 组织各国政府和专家完成六次气候变化科学评估报告，这些评估报告成为国际社会认识气候变化问题，推进国际气候治理制度建设的重要科学基础，并越来越影响 UNFCCC 的谈判进程和走向。中国气象局局长是 IPCC 的中国联络人（首席代表），中国气象局丁一汇院士、秦大河院士、翟盘茂研究员连续四次担任 IPCC 第一工作组联合主席。多年来中国气象局积极参与 IPCC 建章立制和改革的全过程，遴选推荐中国作者，从科学角度维护中国和发展中国家权益，IPCC 这一科学平台已成为我国深度参与全球气候治理、贡献中国智慧的一个良好范例。

第四，中国气象局还是中国参与 UNFCCC 国际谈判的核心成员。多年来，负责《公约》附属科学技术咨询机构（SBSTA）中"研究和系统观测"，《公约》附属履行机构（SBI）中"能力建设""气候赋权行动"等多项议题谈判，并牵头 SBSTA 各议题的协调工作。中国气象局立足部门观测优势，紧密围绕 IPCC 科学评估新动向，科学支撑议题谈判，与各部门密切合作，圆满完成各项谈判任务。

第五，中国气象局是气候变化科学研究和影响评估的主要部门。长期以来，中国气象局在气候变化检测归因等机理研究、全球和区域气候系统模式开发、气候变化影响评估、极端天气气候事件应对能力等方面获得了长足发展，气候系统模式研发水平国内领先、国际可比，是气候变化影响评估工作的权威组织和发布部门。自 1989 年以来，中国气象局牵头了 6 轮国际评估 IPCC 报告编制，承担了 4 轮国家评估报告编写任务，组织了 2 轮中国 8 个区域评估报告的编写。这些报告围绕国家需求，特别是围绕气候变化对我国粮食与农业生产、水资源安全、自然生态系统保护等关键领域，以及"青藏铁路""南水北调"等重大工程影响，以及京津冀、粤港澳、长三角、珠三角等重大经济圈影响等开展评估研究，为国家及地方应对气候变化提供了坚实的科技支撑。

第六，中国气象局是提供气候变化基础观测数据的权威部门。中国气象局拥有空天地一体、覆盖全国的综合观测系统，拥有长期连续的气候系统基础数据。风云系列气象卫星得到习近平总书记高度重视，多次在国际会议中承诺加强我国风云气象卫星的国际服务。风云气象卫星作为世界气象组织全球对地观测的成员卫星，在全球和区域天气气候系统监测中发挥了重要作用。在温室气体监测方面，具备全球和区域大气成分本底观测能力，拥有欧亚大陆腹地唯一的全球大气本底站——瓦里关站，已成立"温室气体及碳中和监测评估中心"，开展我国温室气体和碳中和监测评估相关研究及应用技术开发，提升区域和城市碳汇潜力监测和评估能力。中国气象局建立了气候变化公报发布机制，每年发布《中国气候变化蓝皮书》《气候变化绿皮书》《中国温室气体公报》，发布中国和全球气候变化历史和变化趋势数据，是提供气候变化科学基础数据的权威部门。

第七，中国气象局在清洁能源开发利用方面也发挥了重要作用。多年来，气象部门在全国风能太阳能观测网规划建设、资源详查与评价等方面开展了一系列保障服务，在夏季供电、冬季供暖以及建筑节能、用能管理等方面开展专业气象服务。例如，中国气象局成立了风能太阳中心，开展风能太阳能气候资源精细化监测评估预报，获得了全国1千米分辨率、重点地区100米分辨率风能资源和全国1千米分辨率太阳能资源图谱，为全国2000余个风电场和太阳能电站提供选址评估和预报服务，为国家推进能源革命，助力碳达峰目标和碳中和愿景实现提供支撑保障。

最后，气象部门承担气候变化科普宣传的重要任务。气象部门发挥自身专家和科普渠道优势，面向各级党政领导干部和社会公众开展宣讲。结合世界气象日、全国气象科技活动周、科普日、科教进社区等活动，大力推进气候变化科普工作。连续 16 年组织气候变化与气候系统国际讲习班，连续 10 年完成多语种《应对气候变化——中国在行动》宣传片在《联合国气候变化框架公约》缔约方大会现场播放，为宣传我国应对气候变化的行动发挥了积极的作用。连续 10 年编制每周一期的《气候变化动态》，为 30 多个部门提供及时、翔实的信息。

碳达峰、碳中和如何监测评估？

张兴赢："十四五"是实现我国碳排放达峰的关键期，而碳达峰是实现碳中和的基础，当前，我国已经正式发布一系列"双碳"有关的政策，上述政策的落地，最重要的支撑就是如何科学监测和准确评估国内各个省区市和各个行业的碳排放的结果。当前国际社会对碳排放的核查和计算是基于 IPCC 开发的国家温室气体清单编制方法学，我国当前碳排放计算也遵循了国际通用的方法学。这是一种"自下而上"的计算方法，主要清单是基于能源活动、工业生产过程、农业、土地利用和林业，以及废弃物处理领域产生的温室气体排放，来计算总的碳排放。当前，虽然计算温室气体清单的方法是统一的，但是不同机构基于不同口径统计数据得到的结果会有较大的差异。同时，国际上不同组织、研究机构如果采用不同方法学计算得到的同一个国家温室气体清单也存在差异，这种传统的"自下而上"的核算方法还存在很多有待深入研究的科学问题。

为了更好地开展碳监测科学评估支撑全球气候变化应对，当前在世界气象组织的协调下建立了 31 个温室气体全球大气本底观测站以及 400 多个区域本底观测站，2009 年后日本和美国还先后发射了专门的碳卫星，来加强天地一体化的大气温室气体监测能力建设。全球科学家利用这些观测数据正在开展前沿的"自上而下"的碳排放计算，利用监测得到的大气中的二氧化碳浓度结合地球科学系统模型来反推全球不同的区域排放和吸收了多少二氧化碳，借此来科学评估当前全球碳排放的核算结果。因此，建立科学的碳监测和评估系统是非常重要的，这也是我在 2021 年两会上的一个提案，目前国内相关部门已经着手部署建立相关的监测和评估系统。

扫码观看访谈视频

4. 国际气候治理与中国贡献

访谈专家：袁佳双

（国家气候中心副主任，研究员）

全球气候治理的主渠道是什么？是否具有法律约束力？

袁佳双：随着极端气候事件的增多，科学研究的逐渐深入，国际社会越来越深刻地认识到由于人类活动所产生的温室气体排放已经威胁到社会安全与发展。

为了有效地应对气候变化问题，国际社会于 20 世纪 70 年代开始，试图通过国际协作形式来应对全球气候变化。在 1992 年联合国环境与发展大会上通过了《联合国气候变化框架公约》，这个《公约》在 1994 年 3 月正式生效，奠定了世界各国紧密合作应对气候变化的国际制度基础，也形成了全球气候治理的主渠道。

《公约》的目标是"将大气中温室气体的浓度稳定在防止气候系统受到危险的人为干扰的水平上"并明确规定发达国家和发展中国家之间负有"共同但有区别的责任"。由于《公约》只是一般性地确定了温室气体减排目标，没有法律约束力，属于软义务，无法实现《公约》的最终目标。因此，在 1995 年召开的《公约》第一次缔约方大会上，决定应该达成一个有法律约束力的议定书。1997 年在日本京都召开的第三次缔约方大会上，终于达成了一份具有法律约束力的文件，就是著名的《京都议定书》。《京都议定书》具有里程碑意义，规定了定量减排目标。

之后在法律框架下，国际社会共同努力达成了一系列文件。2007 年在印尼巴厘岛达成了《巴厘行动计划》，勾画了构建 2012 年后国际气候制度的路线图和基本框架；2011 年，德班第十七次缔约方大会上形成德班授权，开启了 2020 年后国际气候制度的谈判进程；2012 年多哈召开的第十八次缔约方大会明确要执行《京都议定书》第二承诺期，达成系列共识，并形成长期合作行动工作组决议文件。

特别是在 2015 年的巴黎气候变化大会上，达成了著名的《巴黎协定》，进一步明确了 2020—2030 年国际气候治理的制度安排和合作模式。

气候变化科学和气候治理之间的关系是什么？

袁佳双：气候变化问题具有非常强的科学属性。如何更好地开展全球气候治理，科学是基础和依据。提到气候变化科学，就必须要提及 IPCC 这个机构，它很好地阐释了气候变化科学与气候治理之间的关系。

为了应对气候变化带来的挑战，世界气象组织（WMO）和联合国环境规划署（UNEP）于 1998 年联合成立了政府间气候变化专门委员会（也就是 IPCC），旨在向世界提供一个清晰的有关对当前气候变化及其潜在环境和社会经济影响认知状况的科学观点。该机构通过发布一系列报告，在关键节点上，从科学角度支撑了国际气候治理的进程。我们悉数一下。

1990 年，IPCC 发布了第一次评估报告，明确表明导致气候变化的人为原因，即发达国家近 200 年发展工业化大量消耗化石能源的结果，明确了主要的责任者，从而首次将气候问题提到政治高度上，促使各国开始就全球变暖问题进行谈判。这份评估报告推动 1992 年联合国环境与发展大会通过了第一份框架性国际文件《联合国气候变化框架公约》。

1995 年，IPCC 发布了第二次评估报告，认为当前出现的全球变暖"不太可能全部是自然界造成的"，人类活动已经对全球气候系统造成了"可以辨别"的影响。这份报告为 1997 年《京都议定书》的达成铺平了道路。

2001 年，IPCC 第三次评估报告对气候变暖问题给出了更多的证据。报告指出，过去的 100 多年，尤其是近 50 年来，人为温室气体排放在大气中的浓度超出了过去几十万年间的任何时间；近 50 年观测到的大部分增暖可能归因于人类活动造成的温室气体浓度上升。自此，IPCC 报告成果促使公约谈判确立了适应和减缓两个重要议题。

2007 年，IPCC 发布了第四次评估报告，进一步明确指出，**全球变暖是不争的事实，近半个世纪以来的气候变化"很可能"是人类活动所致**，结论的可信度由原来的 60% 提高到 90%，也为形成 2℃温升目标共识奠定了科学基础。因此 IPCC 荣获了 2007 年诺贝尔和平奖。这份报告推动 2009 年国际社会达成了《哥本哈根协议》。

2013—2014 年发布的 IPCC 第五次评估报告，给出了更多的观测事实和证据，进一步证实了人类活动和全球变暖的因果关系，指出人类活动影响全球气候变暖的可信度超过 95%。这份报告为 2015 年达成《巴黎协定》奠定了坚实的科学基础。

2021 年 8 月发布的第六次评估报告第一工作组报告认为：人为影响造成大气、海洋和陆地变暖是毋庸置疑的；2022 年上半年连续发布了第二、第三工作组报告，明确指出大气、海洋、冰冻圈和生物圈都发生了广泛而迅速的变化，气候减缓行动迫在眉睫。那么这份报告将为 2023 年第一次全球盘点提供重要的科学基础。

由此可见，气候变化科学与气候治理进程密切相关，提供了重要的科学基础和依据。

国际气候谈判的关键节点或者里程碑有哪些？

袁佳双：1972 年联合国人类环境会议在瑞典斯德哥尔摩召开，这次会议开启了关于生态环境、气候变化和可持续发展的全球治理进程。从那一刻起，全球各国共同努力，将本国利益与全人类和子孙后代的长远利益结合起来携手前行，先后达成了"里约三公约"（《联合国气候变化框架公约》

《生物多样性公约》《联合国防治荒漠化公约》)、《21世纪议程》《巴黎协定》《2030年可持续发展议程》《2020年后全球生物多样性框架》等一个又一个的里程碑，为保护我们共同的地球家园、坚持走可持续发展道路作出了不懈努力。

下面，我给大家梳理一下关键节点。

1988年，联合国大会通过了为当代和后代人类保护气候的决议。

1992年，环发大会通过《联合国气候变化框架公约》，最终目标是稳定温室气体浓度水平，基本原则是"共同但有区别的责任"。

1997年，国际社会达成《京都议定书》，这是人类历史上首次以国际法律形式来限制温室气体排放。

2007年，巴厘岛气候变化大会通过"巴厘路线图"。

2009年，哥本哈根气候变化大会形成《哥本哈根协议》。

2015年12月，在法国巴黎达成了《巴黎协定》。

特别要提及《巴黎协定》，它是全球气候治理进程的重要里程碑，确立了各缔约方2020年后强化气候行动和开展国际合作的目标愿景，以及制度安排和具体规则。近年来，尽管国际形势错综复杂，多边主义面临着一系列挑战，但全球气候治理进程经受住了严峻考验，继续沿着全面落实《公约》和《巴黎协定》的方向持续向前推进。实践也充分证明，《巴黎协定》和联合国2030年可持续发展议程彰显了全球合作应对气候变化和可持续发展转型之路的大趋势是不可逆转的，世界各国都已认识到应对气候变化是当前全球面临的最严峻挑战之一，积极采取措施应对气候变化已成为各国的共同意愿和紧迫需求。

2015年达成了《巴黎协定》，是继1992年《联合国气候变化框架公约》和1997年《京都议定书》之后，人类历史上应对气候变化的第三个里程碑式的国际法律文书。那么《巴黎协定》在气候治理进程中有什么显著变化？

袁佳双：《巴黎协定》是具有重要里程碑意义的法律文书。它的核心目标是将21世纪全球平均气温上升幅度控制在2℃以内，并将全球气温上升控制在前工业化时期水平之上1.5℃以内。所以说《巴黎协定》的签署开启了气候治理的新时代，相比较之前的文件，既有变也有不变。

首先，《巴黎协定》继续明确了发达国家在国际气候治理中的主要责任，保持了发达国家和发展中国家责任和义务的区分。《巴黎协定》重申和强调了"共同但有区别的责任"原则，为发展中国家公平参与国际气候治理奠定了基础。同时，也拓展了发展中国家开展行动的力度和广度。

其次，与《京都议定书》的自上而下模式不同，《巴黎协定》采用自下而上的承诺模式，确保缔约方最大范围的参与。《巴黎协定》秉承《哥本哈根协议》达成的共识，由缔约方根据自身经济社会发展情况，自主提出减排等贡献目标。正是因为各国可以基于自身条件和行动意愿提出贡献目标，很多之前没有提出国家自主贡献目标的缔约方也受到鼓励，既保证了《巴黎协定》广泛的参与度，也更加有利于确保目标的实现。

第三，《巴黎协定》构建了义务和自愿相结合的出资模式，有利于拓展资金渠道并孕育更加多元化的资金治理机制。《巴黎协定》继续明确了发达国家必须提供资金的责任和义务，照顾了发展中国家关于有区别的资金义务的谈判诉求，既尊重事实，体现了发达和发展中国家的区别，也赢得各国，尤其是发展中国家，对参与国际资金合作的信心。同时，《巴黎协定》还鼓励所有缔约方向发展中国家提供自愿性的资金支持。这些举措将有助于巩固既有资金渠道，并在互信的基础上拓展更加多元化的资金治理模式。

这三点体现了《巴黎协定》在气候治理进程中的变化特点。

在国际气候治理过程中，世界各国是否立场一致，有什么划分吗？

　　袁佳双： 应对气候变化是对各国在全球公共物品治理中的考验。由于涉及各自利益，各个国家和集团在气候变化问题上所持立场不尽相同，甚至差异很大，形成了各种谈判集团，不同集团之间立场错综复杂。

　　国际气候谈判中主要有三股力量，即欧盟、伞形国家集团（美、加、澳、日等）、77 国 + 中国（发展中国家）。

　　欧盟，大家都知道，由 27 个成员国组成。

　　伞形国家集团，是指除欧盟以外的其他发达国家，包括美国、日本、加拿大、澳大利亚、新西兰、挪威、俄罗斯和乌克兰 8 个国家，其地理分布好似一把"伞"，故得此名。欧盟和伞形国家集团所代表的发达国家强调的是减缓，弱化了适应，并要求与发展中国家共同减排。

　　由发展中国家集团演化而来的 G77+ 中国集团主要代表发展中国家立场，目前由 134 个发展中国家和中国共同组成。G77+ 中国集团强调适应，要求发达国家率先减排，并为发展中国家应对气候变化提供资金和技术支持。斗争焦点是历史责任、发展空间、资金与技术转让。

　　伴随着谈判的进程，不同集团阵营也在不停地演化与分裂。

　　G77+ 中国集团内部分化为非洲集团、小岛国集团、最不发达国家集团、基础四国等。欧盟作为一个整体，一直积极参与气候谈判并采取气候行动。伞形国家集团的主要参与方为美国和俄罗斯，美国的气候行动与政策易受国家执政党影响，国家层面的政策存在波动和不连续性，而地方政府、城市和企业一直在积极采取气候行动。俄罗斯认为气候变暖可能有利于其经济发展，对于全球气候治理的态度不是很积极。小岛国集团易受全球气候变暖导致海平面上升所带来的生存危险，特别关注气候变化，希望获得资金支持。新兴经济体发展中国家是在《巴黎协定》谈判进程中形成的"立场相近的发展中国家集团"，这些国家处于经济社会快速发展期，对碳排放具有刚性需求，同时也希望通过国际资金和技术合作，实现低碳转型发展。以上就是各国、集团的立场和大致的划分。

请谈谈欧盟和美国这两大国家集团应对气候变化的行动。

袁佳双：欧盟有 27 个成员国，目前已超额实现《京都议定书》第二承诺期目标，即到 2020 年在 1990 年排放水平基础上减排 20%。欧盟将进一步提高 2030 年、2050 年的减排目标，并率先实现零碳经济，同时将减排和环保技术打造成欧盟新的经济增长点。2020 年 9 月，欧盟委员会发布《2030年气候目标计划》，提出到 2030 年温室气体排放量要比 1990 年减少至少55%，较之前 40% 的减排目标大幅提高。同时，欧盟在气候立法方面也取得重要进展，使得 2050 年实现温室气体净零排放的目标对欧盟机构和欧盟成员国都具有法律约束力。

美国每年的二氧化碳排放量为 50 多亿吨，是全球第二大温室气体排放国，约占全球排放量的 15%。2021 年 1 月，拜登政府签署了新的应对气候变化行政令，宣布重新加入《巴黎协定》，并于 4 月 22 日主持召开气候领导人峰会，重新在国际气候治理中发挥作用。美国承诺到 2035 年实现100% 的清洁电力，到 2035 年使用 100% 的清洁能源汽车，2040 年之前实现卡车和公共汽车净零排放，削减油气开采活动中的甲烷排放。美国成立了白宫内部的气候政策办公室，任命美国前国务卿克里为气候变化总统特使，负责美国对外气候政策，以确保气候政策协调并纳入美国内外政策的各个方面。

总之可以看到，欧盟在全球气候治理中一直充当领导者角色，积极推进减排进程，这是由其经济发展水平和政治需要共同决定的。在拜登政府之前，对于气候变化治理，美国历届政府都被动应对或持消极回避的态度，拜登则强调气候变化造成负面后果的严重性，强调必须立即行动的紧迫性，拟重新扮演世界领导地位，实现其经济低碳化发展，这对美国气候政治、经贸和外交都将产生深远影响。

作为目前最大的发展中国家和碳排放国家，中国在全球气候治理中作出了哪些贡献？

袁佳双：中国采取切实行动应对气候变化，积极、建设性参与全球气候治理，提出中国方案，贡献中国智慧，展现了负责任、有担当的大国风范。

一是积极参与了与气候问题相关的国际治理进程，不仅在《联合国气候变化框架公约》的谈判中体现建设性姿态，也积极派员参与公约外的各项国际进程，比如千年发展目标论坛、经济大国能源与气候论坛、国际民用航空组织、国际海事组织以及联合国秘书长气候变化融资高级咨询组等合作机制。

二是积极开展国际气候合作。中国充分发挥大国影响力，加强与各方沟通协调，寻求共识。中国先后同美国、英国、印度、巴西、欧盟、法国等发表气候变化联合声明，就加强气候变化合作、推进多边进程达成一系列共识，并且通过"基础四国""立场相近发展中国家""77国集团＋中国"等谈判集团，在发展中国家中发挥了建设性引领作用，维护发展中国家的团结和共同利益。另一方面，中国积极帮助其他受气候变化影响较大、应对能力较弱的发展中国家，如为非洲国家、小岛屿国家和最不发达国家提供支持，如中国气候变化南南合作基金、南南合作"十百千"项目，以及"一带一路"倡议等。

三是切实采取国内气候行动，为全球应对气候变化作出表率。2012—2021年，中国以年均3%的能源消费增速支撑了平均6.5%的经济增长，单位GDP的二氧化碳排放比2012年下降了约34.4%，单位GDP能耗比2012年下降了26.3%，累计节能约14亿吨标准煤，相应减少二氧化碳37亿吨。煤炭消费的比重从2014年的65.8%下降到了2021年的56%，年均下降1.4个百分点，是历史上下降最快的时期。截至2021年底，中国非化石能源占比已经达到16.6%，可再生能源装机占全球三分之一以上。这些事实和数据表明，中国以实际行动参与全球气候治理，走一条符合自己国情的绿色低碳可持续发展之路，为发展中国家低碳转型提供了借鉴，为全球气候治理作出了重要贡献。

四是提出"双碳"目标。实现碳达峰碳中和，是以习近平同志为核心的党中央统筹国内国际两个大局，作出的重大战略决策，意义重大，影响深远，彰显了中国坚定走可持续发展道路的战略定力，体现了中国积极推动构建人类命运共同体的大国担当。我们承诺实现从碳达峰到碳中和的时间，远远短于发达国家所用时间，这意味着我国作为世界上最大的发展中国家，将完成全球最高碳排放强度降幅，用全球历史上最短的时间实现从碳达峰到碳中和，并为实现这一目标付诸行动。以此也向世界发出明确信号，那就是气候问题亟待解决，多边主义框架下的全球合作是解决气候问题的关键。

扫码观看访谈视频

5. 中国的气候变化影响与风险

访谈专家：巢清尘

（国家气候中心主任，国家碳中和科技专家委员会委员，研究员）

您能从最近两年我国遭遇的极端天气气候事件谈谈气候风险吗？

巢清尘：2021 年 7 月 17 日至 22 日，河南省出现了历史罕见特大暴雨。郑州 7 月 17 日 20:00—23 日 08:00，132 小时的总降水量近 40 亿立方米，相当于 280 个西湖水量，造成了重大人员伤亡和财产损失。

2022 年夏季，我国中东部地区出现了 1961 年以来综合强度最强的高温过程，并引发长江中下游及川渝地区的严重干旱。此次高温事件从 6 月 13 日至 8 月 30 日持续了 79 天。受持续高温少雨天气影响，从 7 月开始，南方气象干旱迅速发展，历经 122 天。对农业生产、人群健康、水供应、能源等都造成了明显影响，甚至水电大省也出现电力严重短缺的情况。

气候变化是全人类共同面临的严峻挑战。我国是全球气候变化的敏感区和生态环境的脆弱区，近 60 年来，气候变暖幅度是全球平均的 2 倍，极端天气气候事件趋多趋强，气候风险加大，对我国粮食安全、水资源安全、生态安全、能源安全、重大工程安全等构成威胁。因此，科学认识气候、主动适应气候、努力保护气候，对美丽中国建设和全球气候治理具有重要意义。

近几十年来中国的气候如何变化？

巢清尘：我国地处东亚季风区，气候类型复杂多样，区域差异大，气候波动性强。**我国升温速率远高于全球平均水平，极端天气气候事件频发。**

1960—2019 年，我国平均气温增幅达 0.27℃/10 年，区域间增温速率差异明显，总体而言西部高于东部、北方高于南方；20 世纪是我国过去 2000 年历史中最暖的百年，2000—2019 年是我国自 1900 年以来最暖的 20 年。1960—2019 年，我国降水量总体呈增加趋势，且年代际变化明显、年际波动较大，年降水量变化具有明显的区域差异，中国东北、西北、西藏大部分地区年降水量呈现较强的增加趋势，而自东北南部和华北部分地区到西南一带的年降水量呈现减少趋势。近 30 年西北地区中西部气候出现向暖湿转型，但由于西北地区降水量基数小以及部分地区蒸发量增加，干旱气候的格局未发生根本改变。1960—2019 年，我国近海海温增幅达 0.16℃/10 年，高于全球平均水平。我国沿海海平面总体呈波动上升趋势，1980—2019 年，我国沿海海平面上升速率为 34mm/10 年，高于同期全球平均水平。我国冰川呈明显退缩趋势，多年冻土范围明显减少，冰湖数目和面积呈显著增多和扩大趋势。从 20 世纪六七十年代至 21 世纪初中国西部地区冰川整体处于物质亏损状态，其北部和东部冰川变化较南部和西部大，海拔较高、山体较大的山区比低矮的山区冰川变化小，其中阿尔泰山、澜沧江和冷龙岭冰川年退缩率最高，年减少约为 0.75%。位于多年冻土层之上的活动层呈加快增厚特点，多年冻土退化明显，1981—2019 年青藏公路沿线活动层增厚速率为 19.6cm/10 年。

1960 年以来我国极端高温事件发生频率呈增加趋势，21 世纪以来尤为显著；1961—2019 年，中国区域极端高温日数显著增多，热浪频率增大，平均暖昼日数每 10 年增加 5.7 天。1961 年以来中国日—夜复合型极端高温事件频次显著增多、持续时间显著延长、覆盖面积显著增大，影响面积每十年平均扩大约 76.40 万平方千米。1961—2019 年，中国平均冷夜日数平均每 10 年减少 8.2 天，1998 年以来冷夜日数较常年值持续偏少。除华北中南部及四川中部等地区暴雨呈减少趋势外，大部分地区极端降水频率和强度增加，全国年累计暴雨日数平均每 10 年增加 3.8%；极端少雨天气增多，特别是伴随高温热浪而快速发展的"骤旱"事件剧增。过去近 70 年中国半干旱区面积出现显著扩张，尤其在近 10 年（2009—2018 年），面积扩大了约 10%，主要是由中国东北部的半湿润干旱区／湿润区转变而来。西北太平洋和南海生成台风个数呈减少趋势，但在中国登陆的台风个数则有微弱的增多趋势，登陆中国台风比例呈增加趋势，并且强度有所增强。

气候持续变暖和极端事件频发对我国的发展环境和发展条件造成严重威胁，已经成为影响经济社会发展和人民生命财产安全的重要因素。据统计，2001—2020 年，我国气象灾害导致直接经济损失约 5.9 万亿元。

影响中国气候变化的驱动力是怎样的？

巢清尘：引起气候系统变化的原因可分为自然因子和人为因子两大类。前者包括了太阳活动的变化、火山活动，以及气候系统内部变率等；后者包括人类燃烧化石燃料以及毁林引起的大气温室气体浓度的增加、大气中气溶胶浓度的变化、土地利用和陆面覆盖的变化等。最新的科学研究已经表明，最近百余年的快速气候变化主要是由人类活动造成的。

土地覆盖、海洋及其生态系统变化对大气温室气体变化起重要调节作用，并通过生物地球化学循环的大尺度变化对东亚气候产生显著影响。中国陆地生态系统固碳量的增加得益于气候变化以及国家森林和农业管理措施的共同作用。中国陆地生态系统是显著的碳汇，且其碳汇效应呈增加趋势，在全球碳循环中起到重要作用。因地制宜实施的大规模生态恢复工程，对改善生态环境和减缓气候变化带来了积极影响。

1960 年以来，中国的平均气温以及极端温度强度、频率和持续时间的变化都显示出人类活动的显著影响。1961 年以来，中国的平均气温以及极端温度强度、频率和持续时间的变化很可能受到了人类活动的影响。对 1961 年以来观测到的中国平均气温的增加，二氧化碳等在内的全球温室气体排放的贡献约达 85%。在中国西部，包括温室气体、气溶胶排放以及土地利用变化在内的人类活动很可能是地表气温增加的主要原因。人类活动很可能使得中国极端高温频率、强度和持续时间增加，极端低温频率、强度和持续时间减少，使得夏日日数和热夜日数增加，霜冻日数和冰冻日数减少。人类活动很可能增加了中国高温热浪的发生概率，同时可能减少了低温寒潮的发生概率。

未来中国气候变化的趋势怎样？

巢清尘：未来中国气候变化整体上呈变暖变湿趋势，但不同区域存在较大的差异。中国区域平均气候变化幅度大于全球平均水平。

中国区域极端气候对全球增温的响应强于平均气候，极端最低温度增幅大于极端最高温度，降水更趋于极端化。与 1986—2005 年相比，在 RCP2.6/4.5/8.5 温室气体排放情景下，21 世纪前期中国区域平均极端最高温度增加 1 ～ 1.2℃，中期增加 1.7 ～ 2.8℃，末期增加 1.7 ～ 5.3℃，其中华东和新疆西部盆地增幅最大。平均极端最低温度未来在东北、西北北部和西南的南部的增加幅度最大。3 种温室气体排放情景下，未来中国区域平均高温热浪发生天数在 21 世纪前期、中期和后期将分别增加 4 ～ 6 天、7 ～ 15 天和 7 ～ 31 天。中国平均极端降水在 2016—2035 年将从目前的 50 年一遇变为 20 年一遇，到 21 世纪末，在 RCP2.6、RCP4.5 和 RCP8.5 这 3 种温室气体排放情景下将分别变为 17 年、13 年和 7 年一遇。极端干旱事件在中国北方将减少，南方将增加。

气候变化对中国各行各业的影响？

巢清尘：气候变暖在改变区域水热资源分配的同时，对农业、水资源、海洋与海岸带、人体健康等相关敏感领域和区域产生了十分明显的影响，影响显现为正和负两个方面，总体表现仍为"弊大于利"。未来气候变化将进一步加剧每个领域和区域的风险，特别是农牧交错带和黄土高原风险较为突出，同时气候变化将对青藏铁路、南水北调等重大工程产生不利影响。气候变化将对我国社会经济发展和生态文明建设产生广泛的影响。

观测显示，气候变化使中国西部降水增加，部分河流径流增多，在一定程度上可以改善生态，缓解水资源供需矛盾；但黄河流域上游蒸散发增加，使中下游径流量减少。20世纪80年代以来，我国天山、祁连山、阿尔泰山、昆仑山和三江源等地区冰川融化出现不同程度的加速。未来西部径流可能继续增多，在径流拐点出现之前，气候变化可在一定程度上缓解水资源压力。1956—2018年，黄河上游虽然降水量有所增加，多年冻土也在退化，但由于潜在蒸散发能力的加强，对中下游及其以北河流的补给并未增加，中下游实测年径流量均呈现显著性减少趋势。未来气候变化使中国黄河、海河、辽河水资源锐减，加大了水资源压力；长江、珠江等南方河流洪水风险增加，未来中国水旱灾害可能更为严重。加强节水型社会建设和骨干水利工程建设是我国东部季风区应对气候变化的核心内容。

气候变化使中国海平面上升，加剧了海岸侵蚀、海水（咸潮）入侵的影响和土壤盐渍化，台风—风暴增水叠加高海平面造成严重洪涝灾害。

气候变化使农业热量资源增加，作物适宜生长季延长，多熟制种植面积扩大。气候变化使日平均气温稳定通过0℃和10℃的持续日数增加，作物有效积温提高，无霜期日数增多，作物适宜生长季延长。与1950—1980相比，1981—2010年我国一年一熟气候地区面积缩小0.5%，而一年三熟温度适合种植区面积扩大2.8%。未来土壤微生物种类增多，农业熟制增加，作物种植热量界线北移西扩，农业多熟制温度适宜区增加，作物种植种类多样化。气候变化使气象灾害风险增加，未来农田生产环境退化，粮食增产幅度减低。

温度升高增加了寒冷地区气候舒适时间；延长了居民出游适宜时期；但对冰雪风景旅游资源有负面影响；极端天气气候事件对旅游业影响显著。青藏高原的热天日数将增加，而冷天数会不断减少，尤其在海拔相对较低的地区，其中西宁、拉萨和玉树是热舒适度有利的城市，青海省6—8月是最适宜前往的旅游期。但同时，气候变暖使许多著名景观消退乃至消失，冰川景观观赏价值明显降低。

气候变化对工程运营产生了显著的影响，对生态建设类工程具有诸多的正面影响，对水利工程、青藏铁路和海洋工程的负面影响大。气候变化促进了三北防护林地区和京津风沙源区植被恢复与生长；在全球变暖的大背景下，多年冻土的空间变异和热扰动给路基工程的稳定性带来了极大危害，对铁路系统产生了直接影响。另外气候湿化引发的地表水、地下水变化使青藏铁路大多都存在路基透水的情况。

未来灾害和区域风险情况如何？

巢清尘： 干旱、高温热浪、洪涝极端事件（气候灾害）危险性高、影响范围广，中国的人口、社会经济的脆弱性高，其风险随升温逐渐增加；全球增温 2℃与 1.5℃相比，中国重度干旱和洪水经济损失将可能增加近 1 倍。极端事件使中国区域未来气温不断升高，极端事件的发生强度和频率随之改变。全球增温 1.5℃时，中国重度干旱和重度洪水的直接经济损失为 502.3 亿美元，比目前增加了 1.5 倍，增温 2℃时为 956.6 亿美元，比目前增加了 3.86 倍，受影响的人口也明显增加。人口风险主要受高温热浪和洪涝事件的影响，增温 2℃时，高风险区面积占全国 27% 以上。经济风险主要受干旱和洪涝事件的影响，增温 1.5℃时，高风险区面积约占全国 16%。

气候变化致使极端事件增加，将对社会经济产生更多的灾害风险，中国东部发达地区将承受更高的灾害风险。东北、华中、青藏地区显著增暖，我国中部从华北到华南，以及西北部是高温热浪的高危险区；青藏高原南部、西南和华南地区显著增雨，华中显著减雨。东部的东北到华南是极端降雨的高危险区；华北，黄土高原，青藏高原东部，西北和西南地区是干旱的高危险地区。东部为人口、经济高风险区域；西南、华南，黄土高原，农牧交错带，松嫩平原为自然生态系统的高风险区域；华南西南，长江中下游，西北绿洲是粮食生产的高风险区域。

国际上每 6～7 年开展气候变化评估，中国是什么情况？

巢清尘： 我国自 2002 年开始编制气候变化国家评估报告，2006 年、

2011 年、2015 年、2022 年陆续发布了四次国家评估报告，这些报告既有与全球气候治理同频共振的特点，也体现了我国贯彻生态文明理念的特色。总的说来有以下三个特点：（1）评估报告的体系性不断丰富。第一次《气候变化国家评估报告》包括三部分，分别为"气候变化的历史和未来趋势""气候变化的影响与适应"以及"减缓气候变化的社会经济评价"。第二次评估报告增加了"全球气候变化有关评估方法的分析"和"中国应对气候变化的政策"。第三次评估报告关注了气候变化社会经济影响评估等内容，特别加强了在数据和方法领域的基础性工作，并以特别报告的形式系统地梳理了气候变化领域的有关数据和方法、气候变化对我国重大工程的影响、碳捕获利用和封存等知识体系。第四次评估报告主报告在保持"气候变化的科学认识""气候变化影响、风险与适应""减缓气候变化""应对气候变化的政策和行动"四大主板块基础上，还包括方法、数据、地方典型案例等 8 个特别报告。（2）科学基础的认识不断深化。一是科学上的新认知；二是极端事件的变化原因；三是中国气候对全球气候的响应及其机理，如海洋、生态系统和土地利用变化，青藏高原、北极、南极气候以及季风系统的变化，大气环境和空气质量与气候的关系，区域气候变化等；四是气候系统中的"临界点"以及多个极端事件叠加造成的复合风险等。

气候变化是构成影响我国经济社会发展的重要非传统安全威胁，即使全球如期实现《巴黎协定》目标，中国未来气候系统变暖的趋势仍将持续。高温热浪和强降水等极端事件频发，冰川融化、冻土退化、近海海温变暖以及海平面上升等态势还将持续，虽然不同区域的变化程度会有所差异。因此，全面加强我国气候变化风险防控和适应工作尤为重要和紧迫。

扫码观看访谈视频

6. 中国实现碳中和的决心与挑战

访谈专家：陈迎

（中国社会科学院生态文明研究所研究员，中国社科院可持续发展研究中心副主任 ）

碳中和到底是什么时候、在什么地方被提出来的？

陈迎：碳中和作为生物碳循环的一个概念很早就有。地球上碳的循环包括地球化学循环和生物循环。地球化学的大循环很慢，但是生物循环是比较活跃的。简单来说，比如说一棵树在生长过程中会吸收二氧化碳，但是它死后就分解了，又把碳放出来了。所以从一棵树的一生来说，其实它是碳中性的，这是碳中和最初的概念。

1997 年，《京都议定书》引入了基于市场的三个灵活机制，那个时候就有一些企业开始为家庭或者个人提供碳中和的服务，比如说客户付钱买一片森林来中和自己的碳排放，这是第二阶段，碳中和的理念开始萌芽，也被很多人所接受。

到了 2006 年之后，有一些大型的国际赛事，比如 2006 年都灵的冬奥会、2008 年德国的世界杯等都设立了碳中和的目标。碳中和的概念借助大型的体育赛事进一步在全球推广。2008 年北京奥运会也提出了碳中和的目标，当时我们提出"绿色奥运、科技奥运、人文奥运"三大理念。

但是这些所谓的碳中和还远不是一个全球的减排目标。它是何时成为一个全球的减排目标的呢？首先要从 1992 年的《联合国气候变化框架公约》说起。气候公约提出的全球目标是稳定大气中的温室气体浓度，要稳定在一个防止气候系统受到危险人为干扰的一个水平上，也就是说全球的减排目标是一个浓度目标。

后来由于欧盟力推 2℃ 共识，到了 2009 年，《哥本哈根协议》把"相比工业革命前的全球平均温度升温控制在 2℃ 以内"作为一个全球目标。但是由于《哥本哈根协议》当时没有协商一致通过，并没有取得法律地位，所以一直到了第二年的《坎昆协议》才最终以法律形式规定了，要控制全球平均温升相比工业革命之前低 2℃，并且基于最佳的可得的科学认识，包括平均温升 1.5℃ 的相关知识，来强化全球长期目标，这时候全球目标就从一个浓度目标转向温度目标。

2015 年通过的《巴黎协定》正式确立了全球的长期目标，是相比工业革命前控制全球温升不超过 2℃，并努力实现 1.5℃。《巴黎协定》的 4.1 条款非常明确地提出，要在本世纪的下半叶，实现温室气体人为排放与吸收之间的平衡。这里所谓的"平衡"其实就非常类似碳中和目标了，这也标志着全球的减排目标的进一步强化，并且向碳中和的目标转变。之后，公约秘书处邀请 IPCC 就 1.5℃ 温控目标提供科学建议。

2018 年 10 月 IPCC 发布了 1.5℃ 的特别报告，在特别报告里明确了要想实现 2℃，就要在 2070 年左右碳中和；要想实现 1.5℃ 目标，就要在 2050 年左右碳中和。同时还要深度减排非二氧化碳温室气体，这份报告里提到的净零排放就等于碳中和。

到了 2021 年，在英国格拉斯哥召开的气候大会通过了《格拉斯哥气候协议》，再次重申《巴黎协定》的目标，并且进一步力推 1.5℃。它引用了 IPCC 1.5℃ 的特别报告的科学结论，并且非常明确地提出了在 21 世纪中叶达到净零排放，同时深度减排其他温室气体，这就意味着碳中和目标被正式写入了国际法律文件，成为全球共识。回顾整个过程可以看到，碳中和从概念到全球目标走过了一个比较漫长的演变过程。

全球碳中和的目标固定下来以后，它会对我们的世界经济和国际关系产生哪些深远的影响?

陈迎：在 2020 年之后，各国都纷纷确立了碳中和目标。到目前为止，相关国际组织进行了统计，全球有 130 多个国家提出了自己的碳中和目标，虽然各国用词不尽相同，有净零排放、碳中和或气候中和。也就是说，一个以碳中和为目标的国际进程已正式开启，标志着人类要努力摆脱对化石能源的长期依赖，其背后是人类发展方式的一次根本转型。

在碳中和目标下，新的技术、新的产业、新的业态，以及新的商业模式都将大量涌现，还将创造很多新的就业机会。未来在碳中和的这条新赛道上，国际竞争和大国博弈可能越来越激烈，一些依靠化石能源拥有权力的国家的影响力可能会下降，而掌握碳中和关键技术和设备制造能力的国家，以及一些掌握关键金属资源和加工能力的国家，未来可能就有更大的话语权。这种竞争并不是一个零和博弈，实际上未来碳中和还要创造很多新的发展机会，各国可以合作去分享这些新的机会。

所以未来各国通过国际合作来促进全球碳中和进程是至关重要的，这样大家可以实现共赢而不是恶性竞争。但是我们也必须要清醒地认识到，全球碳中和的进程是一场人类的自我革命，不可能一帆风顺，推进过程中非常有可能出现各种不确定因素，会出现一些波动或者反复，我们也要做好迎接各种挑战的准备。

关于碳中和，国际上一些发达国家都采取了哪些措施？走过了怎样的历程？

陈迎：由于各国发展水平、资源禀赋、具体国情都不一样，处于不同的发展阶段，各国也都在探索自己实现碳中和目标的发展道路。希望各国能够殊途同归，最终走向一个可持续发展的共同目标。

发达国家在实现碳达峰的过程中有一些经验是其他国家可以参考或借鉴的。像英国等老牌发达国家在 20 世纪 70 年代，碳排放差不多就达峰了，那时候气候变化国际谈判还没有开启，所以它是一种自然达峰，而不是由气候政策所驱动的。碳达峰的主要驱动力与 1973 年第一次石油危机密切相关。当时石油危机使得石油价格暴涨，很多发达国家采取了非常强有力的节能措施，环保运动也风起云涌。英国通过天然气替代煤炭，大力推进节能，较早实现了碳达峰。美国大概在 2007 年的时候实现了碳达峰，此后碳排放在波动中逐渐下降。

在这些发达国家所颁布的面向碳中和的政策中，主要的政策措施有很多类似之处，例如大力促进能源系统面向零碳的转型，重视工业、建筑、交通、农业和土地利用，以及废弃物处理等各领域的减排，强调市场化手段、公正转型等。这些政策措施对于发展中国家来说也是有一定的借鉴意义的。

具体到我们国家主要采取了哪些主要的政策？发展路径是什么？

陈迎： 在过去的两年多时间里，中国采取了大量政策措施，基本建成了碳达峰碳中和的"1+N"政策体系。

所谓的"1+N"政策体系，这里的"1"指的是两个重要的文件，一个是《关于完整准确全面贯彻新发展理念做好碳达峰碳中和工作的意见》，还有一个是《2030 年前碳达峰的行动方案》，这两个重要的顶层设计的政策文件都是在 2021 年 10 月份发布的。所谓"N"就是这两个重要的政策文件之外发布的一系列政策文件，包括能源、工业、交通运输、城乡建设等重点领域，以及钢铁、有色金属、石化、化工、建材等重点行业的实施方案，还有就是价格、税收、金融统计考核、科技支撑这些方面的保障方案。

在中央层面的这些宏观政策的引导下，各省、自治区、直辖市都制定了自己的碳达峰行动方案。这一系列的政策和方案共同构建起了一个目标明确、分工合理、措施有力、衔接有序的政策体系，我们称为"1+N"的政策体系。而且，不仅是中央层面建立了政策体系，各个地方层面也在积极地推进和落实。

这些政策里有一些值得注意的地方，比如说《意见》里就提到的"三新"，即立足新发展阶段，贯彻新发展理念，构建新发展格局。还提出了五大基本原则，即全国统筹、节能优先、内外畅通、双轮驱动和防范风险。

我觉得防范风险的原则非常重要。因为在落实"双碳"目标的进程中，绿色低碳的转型不会一帆风顺，弄不好就会有风险，可以说转型有风险，不转型有更大的风险，所以我们一定要在转型的过程中具有防范风险的意识。中央总是提要"先立后破"，就是为了保证在转型过程中更加平稳，避免出现大的风险。中央的顶层设计对于未来推进"双碳"目标可以说定下了非常重要的基调。

《2030年前碳达峰行动方案》中提出了10个方面的行动方案，涉及绿色能源的绿色低碳转型、节能降碳增效、工业、城乡建设、交通运输、循环经济、绿色低碳的科技创新、固碳增汇、全民行动，以及各地区梯次有序达峰，这些领域的行动都是未来非常重要的工作。

我国应对碳中和的难度和挑战在哪里？机遇又是什么？

陈迎：首先，我们的能源结构以煤炭为主。在2011年，中国一次能源消费中煤炭的比例超过70%，到了2021年，这一比例下降到了56%，在10年间实现这么大降幅是非常不容易的，但是煤炭依然是主要能源，相比其他国家，这一比例是最高的。

其次，我国森林覆盖率是24%，碳汇并没有我们想象的那么丰富，目前仅占碳排放的10%～12%，未来即使努力固碳增汇，通过碳汇去平衡碳排放的比例恐怕也不会太高。真正有保障的碳汇潜力可能只能平衡百分之十几，剩下的将近90%还是要通过减排来实现的。

我们是否做好了深度减排技术的储备了呢？深度减排所需要的巨大资金投入也是一个挑战。但是，挑战虽然是巨大的，我们更应该看到应对碳中和所带来的重要发展机遇，不能被这些挑战所吓倒。

回顾历史，人类社会已经经历了两次重大的能源转型，第一次是煤炭取代了木柴，第二次是石油、天然气取代了煤炭成为世界的主要能源。在每一次全球能源转型的过程中，都伴随着技术革命和产业革命。我们今天非常有幸正处在第三次全球能源大转型的过程中，未来要以可再生能源代替化石能源，这个方向已经很明确了，但是这个转型还没有实现。中国不能错失新一轮技术革命的发展良机，必须要顺应绿色低碳发展转型的国际大趋势，把握好转型带来的重大发展机遇，并且中国还要努力去引领这样一个发展转型。

现在，我们在很多方面已经有了一定的基础太阳能风能，并且有了一些有利的条件。比如说在可再生能源的开发利用方面，无论是太阳能风能的总装机容量，还是新增的量，还是发电量，都居于世界领先地位。如果没有全球绿色低碳发展的转型，我们就不会有这样的发展机遇。在目前的基础上，中国未来通过努力，是有可能在面向碳中和的国际进程中发挥引领作用的。

结合党的二十大，未来对于推进"双碳"工作又有哪些新的要求，对于我国未来的发展有什么样的意义？

陈迎：党的二十大回顾总结了我国在生态环境保护、气候治理以及人类文明新形态的探索过程中已经取得的经验，并且为未来的发展定下了总基调、总思路。

党的二十大报告在第十部分——"推动绿色发展，促进人与自然和谐共生"专门系统论述了未来积极稳妥推进碳达峰碳中和工作的一些总的要求。应该说党的二十大报告站在了人与自然和谐共生的高度来谋划发展，强调要协同推进降碳、减污、扩绿、增长，推进生态优先、节约集约绿色发展。

碳达峰碳中和的工作是一场广泛而深刻的经济社会的系统性变革，落实"双碳"目标，绝不是一个部门或一个领域的工作，而是一个全局性的、长期性的工作。未来"双碳"目标一定会成为我国实施绿色发展战略和实现人与自然和谐共生工作的重要内容。因此，"双碳"是引领性的工作，是要与各个部门的工作协同来推进的，这方面还有很多需要政策协调和需要探索的方面，未来在实践中还有很多工作要做。

就个人而言，能为碳中和做些什么？

陈迎： 我们每一个人都是消费者，每个人的力量也许是渺小的，但是所有的消费者联合起来，对整个社会就可以形成一股非常重要的力量。消费者需要什么样的产品，就会引导着企业生产什么产品来满足广大社会的需求。现实社会往往是复杂的，一部分人消费不足与另一部分人过度消费、奢侈浪费是并存的。其实消费本身并没有错，但是奢侈浪费肯定是不对的。

如何促进个人减排，就需要让消费者了解每一个产品或者每一项服务背后的能源消耗和碳排放。

例如，我们买一瓶矿泉水有没有碳排放？表面上它与碳排放没有关系，但是实际上，如果我们追溯它的生产过程，从取水到加工净化，然后装瓶，运输储存，最后到了终端消费，到了我们每一个消费者的手中，所有的环节都是要消耗能源的，都有碳排放。终端的消费者如果喝了半瓶扔了半瓶，间接就导致了一些不必要的碳排放。所以，作为终端的消费者，减少不必要的消费，减少奢侈浪费，就是对全社会的减排作出了贡献。

我们应该把这些知识传递给社会公众，使每一个人意识到自己的行为所产生的环境影响。当每个人都意识到要对自己行为的环境影响负责时，每个人就会自觉地加入落实"双碳"目标的社会洪流之中。每个人的举手之劳，包括日常生活中点点滴滴的行为转变，都可以为碳中和的美好未来作出我们自己的贡献。

从专家的视角来看，推进"双碳"工作比较重要的还有哪些方面？

陈迎： 加强"双碳"人才培养和宣传教育对于推进"双碳"工作非常重要。全社会都需要学习"双碳"知识，建立起对碳达峰、碳中和的正确认识，澄清一些认识的误区。我们只有真正地转变观念，才能够自觉地去采取行动，才能够自觉地从自己的身边小事做起，为落实"双碳"目标作出贡献。

"双碳"人才培养是一个广义的概念，不仅包括那些研发新技术的顶尖人才，也包括适应未来社会的多层次的方方面面的人才。无论是中小学基础教育，还是职业教育，都应该把"双碳"教育，把绿色低碳发展的理念和相关的知识技能纳入其中。因为未来的世界是一个碳中和的世界，而今天的青少年将会成长为未来世界的主人。作为未来碳中和世界的建设者，青少年无疑是"双碳"教育的重点人群。

实际上，越来越多的普通人认同并积极践行绿色低碳的生活方式，"光盘行动"、节水节电、减少一次性产品的使用等环保行动已蔚然成风，成为大家日常的自觉行动。可见，"双碳"知识的普及和宣传教育，能够激发每个人发自内心的动力，当每个人把理念变成行动，我们全社会就能在绿色低碳发展的方向上行得更稳，走得更远。

扫码观看访谈视频

7. 能源转型与碳中和

访谈专家：杜祥琬

（中国工程院院士、原副院长，俄罗斯工程院外籍院士，
国家能源委员会专家咨询委员会副主任，第四届国家气候变化专家委员会顾问）

现在气候变化科学的核心是什么？它和能源有什么关系？

杜祥琬：现代气候变化的特征是变暖和极端天气，为什么会有变暖问题？就是因为大气里面温室气体，比如像二氧化碳为代表的这样一些温室气体过多了。二氧化碳是需要的，本来动植物都需要一定的二氧化碳，但是二氧化碳有个特性，就是它的辐射特性，这纯粹是一个分子物理问题。二氧化碳属于一类分子，对于不同波长的辐射（如可见光、红外线等）有不同的吸收、透过或反射能力。

所以如果人类在利用能源的过程中排放了过多的二氧化碳，导致二氧化碳比人类所需要的多了很多，就会导致以人类活动为主因的气候变化。它以变暖为特征，变暖的各个地方又不均匀，所以就导致极端天气频繁发生。

具体来说，煤，油和天然气都是碳和氢的化合物，燃烧以后就会产生很多二氧化碳，导致二氧化碳的浓度增加，进而导致了气候的变暖。过多的二氧化碳从哪儿来？主要来自能源利用，来自能源的燃烧。

什么叫化石能源？

杜祥琬：化石能源包括煤炭、石油、天然气，这些是化石能源。为什么叫化石能源？比如说古代的植物和古代的动物的遗骸在地下多年，经过化学

变化，从而产生了煤、油、气，它们燃烧以后又变成二氧化碳，很多二氧化碳排放到大气中去了，也就是说人类用的煤、油、气叫化石能源。

目前来说我们国家的能源结构是怎么样的？能源使用的效果如何呢？

杜祥琬：我们国家现在的能源结构是以化石能源为主，现在全世界也是以化石能源为主，但是中国跟世界其他各国不太一样的地方是，除了中国之外，其他各国以石油和天然气为主。

中国的特点是煤比较多，中国的煤炭目前在能源中占比大概是56%，原来曾经达到过70%。100年前，全球都是以煤为主，后来欧美一些国家的石油和天然气发展起来了，所以它们现在是以油和天然气为主。而中国在化石能源的资源禀赋上，确实是相对富煤，但缺油少气。

从使用效果上来讲，在煤、油、气这三种能源中，从它们的分子式就可以知道，燃烧以后，煤产生的二氧化碳最多，其次是石油，最后是天然气，所以中国的碳排放压力就比较大。

我们国家现在提出来要深入推进能源革命，那么能源革命对于我们实现碳达峰碳中和的目标有什么样的意义？

杜祥琬：能源革命是2014年国家提出来的，在提出能源革命以后，2020年又提出了碳达峰、碳中和，碳达峰和碳中和就是能源革命的两个里程碑，把能源革命往哪走具体化了。先要做到碳达峰，也就是二氧化碳的排放量总量达到峰值，然后再进一步降低，我们2060年前要实现碳中和，也就是排放的二氧化碳，我们自己有能力把它全吸收掉，这样就实现了净零排放，也就是二氧化碳排放为零，这叫碳中和。所以大家要开始认识到，我们要逐步转变咱们的能源结构，要把我们这么高比例的煤炭使用量逐步减少。

顺便说一句，很多人以为我们国家的煤炭多得不得了，永远用不完。其实我们国家的煤炭只是相对油、气而言，是"富煤、缺油、少气"，但是我们国家人均的煤炭储产量只是全球平均值的 50%，我们的煤炭其实也是很有限的。

所以中央一再强调我们要高效洁净，用好煤炭，同时要大力发展新能源，这不仅仅是为了环境，为了气候，也是为了未来，因为未来没有煤炭了，可是我们的经济还要发展，日子还得过下去。但是我们不是没有能源，我们还有太阳能、风能、生物质能、地热能、水能，可以说，我们能源有的是，但是我们的技术开发能力要逐步提高，要稳定地让它们发展好，能满足我们的经济和生活的需要，到它们能够充分发挥作用了，能够顶大事了，我们再逐步减少化石能源的使用。

所以为什么提了一个 2030 年、2060 年的目标，就是在这样一个时间段里我们不仅要完成应对气候变化的目的，还要为了能源的安全可持续，为了国家的高质量发展努力。所以 2030 碳排放一定要达到峰值，然后再逐步减少排放量，最后到 2060 年前后能够实现碳中和，这个是很具有战略性的战略目标，需要我们各行各业、家家户户去努力。

能源革命的具体内容是什么，或者说我们能源转型的方向是什么？

杜祥琬： 能源转型或者能源革命的方向，首先还是要节能，要节能提效，这一点最为重要，可以说是减少二氧化碳的最主要的手段。

我们国家现在能源的强度（生产 1 个单位的 GDP 所用的能源叫作能源强度）是国际平均水平的 1.5 倍。也就是生产 1 个单位的东西，我们要比国际平均水平多花 50% 的能源，这跟我们自己的产业结构，我们的技术水平有关，所以现在要节能，首先要从产业结构入手，从技术进步入手，来改变我们的能源的效率，让单位 GDP 生产发展的同时少用能，这个是一个进步。

虽然现在我们这方面的效率有点低，但是我们已经进步了，2010 年的时候，咱们的能源强度是世界平均水平的两倍，现在进步到 1.5 倍了，但是还不够。现在煤炭的使用量大概是每年 40 多亿吨接近 50 亿吨的样子，我们如果能够把刚才说的 1.5 进步到 1.0 的话，我们每年就可以少用十几亿吨的煤炭。

哪些行业是能源转型的重点？

杜祥琬：比如说中央多次提的双高产业，就是高耗能高排放的产业。我们有一些产业是这样，这些产业不是国家不需要，而是需要到什么程度，比如说钢铁水泥到一定的产量，在满足我们国家经济发展和人民生活需要的前提下，到一定的时候饱和了，是不是应该打住了。

还有一些出口，是不是要出口这么多这样的产品？这时候出口结构就需要改进了。在这些地方节能提效，这对我们国家来说也是个进步，是减少排放。

所以首先就是要节能提效，而节能提效的主要措施就是产业结构的调整。

怎么解决"又要安全可靠，又要经济可行，又要绿色低碳"这个不可能三角的问题？

杜祥琬：这是原来提出来的一种提法，因为原来我们是以煤炭为主，化石能源为主。煤炭有它的优点，它方便也比较便宜，所以经济实用、安全可靠这两条它都占，但是清洁低碳它就说不上了。所以那个时候就提出了一个不可能三角，说这三条要求让一个能源结构都做到，那是不可能的，所以叫作不可能三角。但是现在我们要能源转型了，我们要发展新能源，如果以新能源为主体了以后，三角能保持吗？

太阳能、风能有波动性，有间歇性，它们能不能做到安全可靠这一条？因为除了绿色低碳经济可行以外，还要安全可靠。那么怎么做到呢？把它跟储能相结合，比如风比较厉害、太阳比较厉害的时候，把能量储存起来，没有太阳、没有风的时候让它放出去。

这样就能保证我们的生产和生活使用了，也能够保持能源的连续、安全和稳定，所以它们自己的间歇性和靠天吃饭的短板要用储能来给它补充。当然电网也要进步，要成为一个比较灵活的智能电网。所以新能源的发展不仅是新能源本身，它还要带动储能发展，还要带动电网等一系列的进步。

我国哪些方面在国际上处于领先地位或者哪些方面做得比较好？

杜祥琬： 中国的电动车、新能源汽车在国际上走在前头，而且现在电动汽车的比例数量还在增加，这样我们就占有一个先机，我们的石油就可以省下来。

除此之外，中国现在太阳能风能装机都有好几亿千瓦，装机量是世界第一的，这也是我们行动起来的一个佐证。当然它们的潜力还很大，我国已开发的可再生能源不到技术可开发资源量的 1/10。

低碳转型与能源安全"先立后破"是什么意思？

杜祥琬： 能源首先一定要安全，能源转型使能源更安全。现在有一些误会，好像能源转型、低碳会影响我们能源安全，不是这样的，国家提出来先立后破，这个提法非常重要，就像新房子没有盖好，老房子不会拆。

先立后破，要立什么？党的二十大报告里有一句话，立足于我国能源资源禀赋，先立后破，就是我们的资源禀赋里面有的可立，然后立的够了，我再破，有这句话大家就可以放心了。

为什么说资源禀赋连着说先立后破，就是我们的资源禀赋不光是"富煤缺油少气"，而且还有丰富的可再生能源资源，我们先立就要立这些新能源，等它们能顶事了，我们再稳步减少化石能源的使用。先立后破，新房子要盖得足够多，多到大家足够住了，再慢慢拆老房子，就是这个意思。

扫码观看访谈视频

8. 新能源的开发与利用

访谈专家：申彦波

（中国气象局风能太阳能中心科学主任，中国气象局科技领军人才，研究员）

风能太阳能开发利用，对于碳中和的意义是什么呢？

申彦波：风能太阳能开发利用是未来实现碳中和的主要路径之一，我们可以从以下三个方面来分析。

首先一个是应对气候变化，这也是我国碳达峰、碳中和目标提出来的一个最深刻的背景。大家都知道目前全球变暖，气候变化的问题比较严重，关注到气候变化问题的不仅仅是国家和政府，普通的老百姓实际上也都关注。风能和太阳能在发电的过程中基本没有碳排放，因为它们利用的是风和太阳辐射这样的一些气候资源，能量转换过程中没有碳排放的过程，所以风能和太阳能的开发利用不会引起二氧化碳的快速增加，或者说是温室气体的大量排放。风能太阳能开发利用对于人类应对气候变化来说，将是主要手段之一，这是第一个方面。

第二个方面是保障国家能源安全，我国的能源结构目前来说是以煤炭、石油、天然气这些传统的化石能源为主，这些能源的总量是有限的，将来用完了之后怎么办？风能和太阳能这两种能源在本质上都来自太阳，只要太阳存在，这两种能源就存在，总量无限，开发可持续。

所以，只要把这两种能源用好了，把它存在的一些固有问题解决了，未来的能源供应就是有保障的。风能和太阳能的开发利用可以保障人类社会的能源安全，对于我国来说尤为重要。

第三个方面是改善环境质量，促进生态文明建设。生态文明建设是国家战略，其中一个很重要的方面就是关于环境质量的改善提升。过去几年经常会出现雾霾天气，或一些污染性天气。这些雾霾天气、污染性天气的主因是什么？归根结底还是在传统化石能源的使用过程中，不仅仅有二氧化碳的排放，还有污染物的排放。污染物的排放多了，就会导致环境恶化。

那么怎样才能改善环境质量呢？从能源的角度来说，风能和太阳能的开发利用是一个非常重要的手段。风能太阳能发电过程中既没有温室气体排放，也没有污染物排放，是清洁无污染的。总体来看，风能和太阳能的开发利用不仅仅对实现碳中和有非常重要的意义，对于人类社会文明的发展来说也都具有非常重要的意义。

放眼世界，国内外风能太阳能利用的现状是怎么样的呢？

申彦波：从 21 世纪初以来，全世界逐渐进入一个大规模快速发展风能和太阳能的过程。我国的风能太阳能大规模开发利用在起步时比西方国家稍微晚了那么几年，风电在 2005 年前后，太阳能是在 2010 年前后开始起步，尽管略晚了一些，但我们的发展速度特别快。

风电从 2005 年起步发展之后，到 2011 年时，全国风电的装机容量就达到了世界第一。我国的太阳能从 2010 年起步，到 2015 年时，装机容量也达到了世界第一。而且这个领先优势达到了之后，就再也没有下来，我们始终保持着世界第一，也就是说我们每年新增的装机容量都是世界第一的水平。可以说经过 10 多年的快速发展，我国风能和太阳能的开发利用站在了世界的前端。

在碳中和的目标下，我国风能和太阳能的利用呈现哪些新的特点呢？

申彦波：碳中和目标的提出给风能和太阳能的发展指明了方向。

国家能源局指出，我国未来的风能和太阳能发展将会呈现出四个鲜明的特点，即大规模、高比例、市场化、高质量。

第一个特点是大规模发展，就是总的装机容量规模要越来越大。按照国家的总体部署，2060年实现碳中和的时候，我国非化石能源的消费总量要达到80%，这样一个比例意味着风能和太阳能到2060年的装机容量要达到数十亿千瓦，这样的话总的装机容量就要上来，体现了大规模发展的特点。

第二个特点是高比例发展，指的是风能太阳能的装机容量和发电量，在我国整个能源体系里面的占比要达到一定的水平。中共中央、国务院《关于完整准确全面贯彻新发展理念做好碳达峰碳中和工作的意见》指出，到2025年，我国非化石能源的消费的比重要达到20%，这个数字在2020年底的时候是15.4%，那也就是未来5年我们的比例要增加5%，然后到2030年比例再要提升到25%，五年时间再提升5%。到2060年，这个比重要达到80%。那么这个比例要一步一步提升，当这个比例真正提升到50%以上，将来达到80%的时候，全社会用电的主体就会来自风能和太阳能。

第三个特点是市场化，所谓市场化，就是把风能和太阳能的开发利用交到市场上去，由市场来决定它的资源配置。过去，尤其是在2010年前后，当时国家为了推动风能和太阳能开发利用的快速发展，采取了很多支持的措施，一个是给补贴，第二个是高的电价。但当时，风电和光伏发电一度电的成本基本上都是1～2元，那就只有通过补贴和高电价这两种方式来促进整个行业的发展。

经过10多年的快速发展之后，风电和光伏技术已经达到一个新的阶段，整个市场也培育得比较成熟了，所以到现在提出了市场化的特征。国家补贴取消，电价按照平价上网，就是按照和火电一样的价格，不再当成特殊的东西去对待了，将它们完全推到市场上去，去跟其他的电源竞争，通过竞争来提升风能和太阳能的水平和市场占有率，这是市场化的特征。

第四个特征是要高质量发展，这个概念比较宽泛，前面讲的都是量，这里讲的是质。它从电源的稳定性，对能源安全的保障，对环境质量的提升，对于气候变化的应对这些方面都能够起到作用，这才叫真正的高质量发展。

为什么说气象是风能和太阳能高质量发展的一个关键影响因素？

申彦波：风能、太阳能的开发利用都是靠天吃饭。首先讲风能的利用，风能的利用最主要的方式就是风力发电，我们现在很容易见到大风车转来转去，转动是发电，转的过程中它是怎么转的？就靠风来推动。

风是靠空气流动形成的，风吹动风叶，转动的过程实际上就是一个机械能转换的过程。转动是机械能，然后通过风电机组这样的一个装置，把这种机械能转化成电能，这就是风力发电的过程。这样看的话，它的源头实际上就是风，风就是一个天气的变化过程，有风就可以发电，没风就发不了电。所以对于风力发电来说，就是靠天吃饭。

再看太阳能利用，太阳能的利用方式就比较多种多样了，最常见的就是屋顶上的太阳能热水器，有很多家庭屋顶上装了太阳能热水器，这个叫光热利用，它不是把太阳能转化成电能，它利用的是热能。

现在更多的形态是把太阳能转化成电能，利用太阳能来发电，主要装置就是大家见到的屋顶上或者是沙漠戈壁上装的光伏板。

光伏板是怎么发电的呢？它的工作原理是把太阳辐射通过光电转换效应转化成电。也就是说光伏发电的源头是太阳辐射，太阳辐射来自太阳，但它是经过大气层才到达地面的。在经过大气层的过程中，天上如果有云的话，到地面的就少了。如果是阴雨天气的话，就没什么太阳能了。如果明天是一个大晴天，太阳能就充足。所以光伏发电也是靠天吃饭。天气的变化，对这两种发电方式的影响会非常大。

前面讲大规模、高比例、高质量这些特征，真正实现了之后，我国将要构建一个以新能源为主体的新型电力系统。也就是说我们日常的用电绝大部分都要来自风能和太阳能。气象是怎样去影响风能和太阳能的高质量发展的？气象工作在里面能起一个什么样的作用？结合风能和太阳能资源的特点从四个方面来进行分析一下：

第一，风能和太阳能资源的特点是总量巨大，但是分布不均，能量密度比较低。所谓总量巨大，是指整个地球上每年接收的太阳辐射量非常的大，如果全部转化成能源，一年接收的能量，按照我们现在的生活水平能用1000年甚至更长。跟天气有关的问题是分布不均，风能和太阳能到底哪个地方资源条件好，哪个地方适合去建电站，建了电站之后发电量足够多，收益才足够好。从气象的角度，要告诉人们哪个地方资源条件好，要从资源分布的角度去做好这种大规模发展的选址指导。

第二，风能和太阳能可再生、可持续，但同时也是不稳定的，具有波动性、间歇性、周期性，风是时有时无，太阳辐射白天有、晚上没有，夏天强、冬天弱。在这种情况下，风能和太阳能发电也是不稳定的。但是对我们日常用电来说，需要一个持续稳定的电源。

所以对于风能和太阳能来说，天气预报很重要，明天到底是有风没风，明天12点有风没风，明天18点我们用电高峰的时候有风没风？太阳辐射，明天晴天还是阴天？到底能发多少电？把预报出来的结果提供给电力部门，电力部门是管整个电力调度的。在这种情况下，明天中午这个时段，可能主要靠风电和光伏来发电，火电就可以少一点。

另外就是资源分布不均，我国西部和北部的风能、太阳能资源特别好，东部风能和太阳能资源相对来说比较弱，但是我国的经济社会的重点在东部，用电的高峰在东部。在这种情况下，西部和北部的电怎么送到东部？什么时候送？送多少？这也是一个预报的问题。我们预报出来三北地区未来几天能发多少电，然后东部地区未来几天能发多少电，那么在这种情况下，东部需要多少电，能从西部调多少，这就是一个区域上的预报。

第三，关于气象灾害。风能和太阳能电站到处都有，遇到气象灾害的可能性就不一样。

对于风电和光伏这两种发电方式，气象灾害对它们的影响和对公众日常生活的影响是不一样的。比如说风电，平时我们老百姓觉得刮个 7～8 级大风就很不得了，气象局就要发预警，但是 7～8 级大风对于风电来说是利好的，它不是灾害，风大一点，风车转得更有利。那么对于风电来说，需要关注的气象灾害是什么？比如，当风速大于 25 米 / 秒的时候，这个风对它来说就是有害的了，这时风机就不敢再转了，因为再转它可能就会受到破坏。风机扇叶特别长，有几十米，如果高速旋转的话，它会被折断，甚至离心力会把整个机器给破坏掉。因此风特别大的时候，风电场的管理人员会主动停机，不让它转了。对于风电来说，25 米 / 秒是一个上限，行业术语叫"切出风速"，就是达到这个速度风电就要切出，扇叶不能再动了。

还有一个临界风速叫"切入风速"，风到底多大的时候风车能够开始转，这个阈值是多少？通常来说是 3 米 / 秒，达到这个速度，风叶才能转起来。所以说风特别小不行，风特别大也不行。特别我们沿海现在有很多风电场，台风来的时候，比如 50～60 米 / 秒的风速，对于风电来说就是一个灾害性的天气，必须做好灾害的提前预警。

第四，就是应对气候变化，保障能源安全。风能和太阳能发电的过程，是清洁无污染的，没有二氧化碳排放的，这是优点。但是与之对应的另外一个问题是大规模的风电场的建设，光伏电站的建设，改变了地表的形态。那么改变了形态之后，对当地的局部天气变化是不是也就有影响了？

刮过来的风被风电场挡住，可能风速就下降了，可能到了下游 10 倍的距离之后才能够再恢复。太阳辐射也是同样道理，本来太阳辐射是晒到地表上的，但现在有个光伏电站把辐射能量吸收了，本来应该反射回去的能量也就没有了，那么能量交换也就发生了变化。这就是我们经常说的两个术语，地表粗糙度改变了，地表反照率改变了，这两个因素改变之后，整体的大气层的能量交换、大气环流，这些实际上都会发生变化。

目前国家层面设立了一些科研项目分析研究风电光伏大规模开发的影响，既要应对气候变化，保障能源安全，同时也要兼顾到对气候生态环境的影响。

扫码观看访谈视频

9. 生态系统碳汇

访谈专家：刘家顺

（中国绿色碳汇基金会副理事长兼秘书长，国家林业和草原局一级巡视员）

什么是生态系统碳汇？

刘家顺：政府间气候变化专门委员会有准确的定义。"汇"是从大气中清除温室气体的过程、活动或机制。"源"是什么？向大气中排放温室气体的过程、活动或机制，所以它俩是一对词语。

"碳汇"是指从大气中清除二氧化碳这一温室气体，所以叫碳汇。通过两种途径可以获得碳汇，一种叫基于技术的方案，比如说我们把二氧化碳等温室气体从大气中捕捉分离出来，然后把它埋在地下，或者是说把二氧化碳捕捉分离出来以后，用于加工其他化学品作为原料去用，都叫基于技术的碳汇。

另外一个途径就是基于生态系统的碳汇，就是利用生态系统本身的植物的光合作用，因为植物光合作用的过程正好是吸收二氧化碳，放出氧气，所以生态系统碳汇指的就是生态系统本身从大气中清除二氧化碳的过程、活动和机制，它是人类的一种行为，人类通过生态系统保护、培育和利用，发挥植物光合作用的功能来吸收大气中的二氧化碳，并把吸收的大气中的二氧化碳实际转化成生物质，然后固定在植被或者是土壤中，达到减少大气温室气体浓度，缓解气候变化的目的。

整个生态系统分为两大类，一类是海洋生态系统，一类是陆地生态系统。陆地生态系统本身又分为草原、森林、湿地、荒漠、农田和城市生态系统，而各类生态系统的固碳机制是不完全一样的，但是它的核心内容，实质是一致的，就是用二氧化碳作为生产条件。实际上，二氧化碳是生态系统的一种生产要素。有些温室中作物的产量提高不上去了，是因为二氧化碳浓度不够，所以温室种植有一个技术叫二氧化碳施肥。

生态系统能够发挥碳汇这个作用，主要是由于生态系统本身有很强的稳定性，也有可持续性，所以能够持续地发挥生态系统的功能。当然，如果生态系统由于人为干扰，把碳汇功能强的生态系统转化成碳汇功能弱的生态系统了，那么整体碳汇能力就会受到削弱，或者生态系统本身受到了破坏，超出了其自我恢复的能力，这样功能就退化了，功能退化了以后，碳汇能力也会被削弱。反过来，如果我们悉心保护和培育，特别是科学培育，生态系统的碳汇能力就会得到巩固和提升。所以生态系统碳汇和基于技术的手段一起，共同构成服务碳中和的清除手段。

林草在应对气候变化当中，是处于一个什么样的地位，发挥了什么样的作用？

刘家顺：森林是陆地生态系统的主体，约占全球陆地面积的31%，面积约为4000万平方千米，森林中包含80%以上的陆生生物物种，是生物多样性最丰富的生态系统。与此同时，全球森林生态系统大约维持着7950亿～9270亿吨碳储量（其中活生物量占42%，枯死木占8%，枯枝落叶占5%，土壤层占44%），每年从大气中吸收固定19.9亿～28.3亿吨碳（相当于73亿～104亿吨二氧化碳），是个巨大的持续碳汇。森林庇护着全球陆地最大的碳库，并且是最经济、最有效的吸碳器，能持久稳定地吸收和固定大气中的二氧化碳，在调节全球碳平衡、减缓大气温室气体浓度升高以及全球气候变化等方面都发挥着独特的作用。

国家林业和草原局肩负着保护和修复森林、草原、湿地、荒漠生态系统，保护和恢复陆生野生动植物资源，建设和管理以国家公园为主体的自然保护地体系的神圣使命，承担着促进林草产业高质量发展和山区林区沙区乡村振兴的光荣任务，履行着保护和优化农田生态系统、绿化和美化城乡人居环境的重要职责。

建设和管理以国家公园为主体的自然保护地体系是林草局的使命，因为国家林业和草原局同时也是国家公园管理局。除此之外，林草部门除了管理生态系统、保护生物多样性以外，还承担着促进林草产业高质量发展，山区林区沙区乡村振兴的光荣任务。

四大生态系统的功能是多样的，产品和服务也是多样的，价值实现渠道也是多样的，这也是森林为什么成为最经济、最有效的吸碳器和储碳库的根本原因。因为多种功能把森林保护培育的收入组织回来了，碳汇可能就是一个连带产品，所以实行多目标经营，经济上要实现多渠道的循环，这是林草事业可持续发展的必然要求，也是应对气候变化的必然选择。

从适应角度来讲，林草生态系统能够调节气候、涵养水源，保持水土，维护生物多样性，也有利于增强环境的稳定性，从而提高整个生态系统对气候变化的适应能力。城市中的森林建设还有利于提高城乡适应气候变化的能力。

生态碳汇和我们国家的"双碳"目标之间又是什么关系？

刘家顺：生态碳汇与我国"双碳"目标关系密切，既是碳达峰的贡献者，又是碳中和的压舱石。在增加生态碳汇、应对气候变化工作中，坚持增汇抵排和节能减排并进。既能通过加强生态系统修复，增强生态系统固碳能力，增加生态系统碳汇，又能促进生态系统的保护和生态资源的合理利用，最大限度减少生态系统自身产生的碳排放，推动生态产业绿色低碳循环发展。生态系统保护、经营、利用过程中减少碳排放，可以为碳达峰作出贡献。而增加生态系统碳汇是实现碳中和的必由之路。

实现碳中和，即人为碳排放量与固碳量的平衡，需要能源供应加速脱碳、生产生活加速减排、生态系统加速增汇。脱碳、减排的本质是避免或减少向大气中排放温室气体，而不是从大气中清除温室气体。减排降低了中和难度，而那些难以避免的碳排放必须通过碳清除手段才能逐步抵消。当抵消量等于排放量，就实现了碳中和。生态系统碳汇属于碳清除，是实现碳中和离不开的重要途径。随着减排力度的不断增大和碳汇能力的不断提升、碳汇抵消量占碳排放量的比例将不断提高，因此，未来生态碳汇必然成为碳中和的压舱石。

我国林草在应对气候变化方面取得了哪些成效？

刘家顺：中国坚持多措并举，有效发挥森林、草原、湿地、海洋、土壤、冻土等的固碳作用，持续巩固提升生态系统碳汇能力。中国是全球森林资源增长最多和人工造林面积最大的国家，成为全球"增绿"的主力军。2022 年，全国森林面积 2.27 亿公顷，森林覆盖率达到 24.02%，2025 年要达到 24.1%，森林蓄积量已经达到了 194 亿立方米，草原植被综合盖度达到 56.1%，自然湿地的保护率也超过了 46%，林草植被碳储量 114.43 亿吨，年碳汇量超过了 12 亿吨。生态系统碳汇功能得到有效保护，生态系统碳汇能力得到明显提升。

1990—2022 年，我们国家森林面积增长了 68 万平方千米，增幅超过了 40%，2005 年以来增长了 57 万平方千米，所以我们的贡献很大。

企业怎么能参与到生态碳汇项目中？

刘家顺：根据企业的性质不同，采取的参与方式可能是不一样的。作为碳汇用户的企业，无论是用碳汇量抵消其碳排放配额缺口的重点排放企业，还是践行企业社会责任自愿进行碳抵消的企业，均可以采取不同介入程度的方式参与生态碳汇项目。一是可以随行就市直接购买碳汇现货；二是支付部分预付款，与碳汇供应方签订供汇协议，约定未来碳汇交易时间，定量不定价；三是多支付些预付款，与碳汇供应方签订供汇协议，约定未来碳汇交易量和交易价；四是再多支付部分资金，与碳汇供应方签订供汇协议，约定未来免费取得碳汇；五是直接参与碳汇项目经营，既可以分配碳汇份额，也可以分享非碳效益。

作为碳汇服务类企业，可主动与碳汇供应方联系，为碳汇项目业主提供项目开发、审定、核证、计量监测等服务；作为金融保险类企业，可以为合适的碳汇项目（或业主）提供融资（保险）支持，解决碳汇项目实施资金不足的问题，实现金融资产保值增值；企业也可以与作为非企业法人的碳汇供应方合作，作为其代理方或合作方，出面注册碳汇项目并申请审定和核证，代为开展碳汇交易。

那么个人能不能参与林草碳汇交易，怎么参与呢？

刘家顺：作为践行社会责任、自愿实现个人（家庭）碳抵消或碳中和的志愿者，个人可随时随地随行就市购买碳汇。

作为碳汇的潜在供应方，个人如果拥有足够的资源，则可以注册企业，委托咨询机构开发碳汇项目，获得未来用户订单，取得预付款或以订单作质押取得金融机构贷款后投入项目实施，实施一段时间后，对实施成果进行监测核证，获得碳汇量签发后转交用户，收回尾款，剩余碳汇可以出售给其他用户。

如果拥有的资源不够，则可以联合有实力的碳汇业主，打包开发碳汇项目；或者和实力相当的其他主体，联合注册企业，共同开发和交易碳汇。如果当地有林业碳票、单株碳汇等碳普惠机制，也可以自愿参与。

您还可以根据自己所在企业在碳汇产业链中的位置，认真研究国家政策，为企业领导出谋划策，并落实企业负责人决策，发挥在项目开发、审定、监测、核证、融资、保险和交易等方面的专长，为碳汇项目的开发与实施，以及碳汇交易作出各自的贡献。

　　最后，衷心希望大家都关注这件事，积极行动起来。这件事不能等，联合国呼吁：立即行动，即刻行动。当然也感谢大家对林草碳汇事业的关注，也希望大家今后有机会在林草应对气候变化当中开展合作，一起为国家"双碳"目标贡献我们每个人的力量。

扫码观看访谈视频

10. 适应气候变化之路

访谈专家：侯芳

（生态环境部应对气候变化司对外合作交流处副处长）

我国为适应气候变化做了哪些工作？

侯芳：我国一贯坚持减缓和适应并重，将主动适应气候变化作为实施积极应对气候变化国家战略的重要内容。

2013 年，我国 9 部委联合发布《国家适应气候变化战略》，明确了 2014—2020 年适应气候变化的总体要求、重点任务、区域格局和保障措施，为开展适应气候变化工作提供了指导和依据。随后，各相关部门和地方开展了大量综合性、系统性的工作，在气候观测和监测预警、极端天气气候事件应急响应处置、气候变化影响和风险评估、主动实施适应气候变化的政策和行动等方面开展了大量工作，取得了积极成效。

2016 年，以城市为突破口和切入点，我国发布《城市适应气候变化行动方案》，2017 年启动气候适应型城市建设试点，在综合考虑气候类型、地域特征、发展阶段等因素的基础上，在全国范围内确定了 28 个地区作为试点，积极探索气候适应型城市建设模式和经验。

为进一步强化适应气候变化工作，2022 年 6 月，生态环境部联合其他 16 个相关部委，印发《国家适应气候变化战略 2035》，在深入评估气候变化影响风险和当前形势的基础上，明确了我国适应气候变化工作的指导思想、基本原则和主要目标，提出加强气候变化监测预警和风险管理、提升自然生态系统适应气候变化能力、强化经济社会系统适应气候变化能力、构建适应气候变化区域格局等重点任务，并从组织实施、财政金融支撑、科技支撑、能力建设、国际合作等方面就战略实施作出部署。

为落实《国家适应气候变化战略 2035》，2022 年 8 月生态环境部印发《省级适应气候变化行动方案编制指南》，并要求各地于 2023 年编制实施省级适应气候变化行动方案，为推动本地区适应气候变化工作提供行动指导，强化省级行政区域适应气候变化的行动力度。

同时，我国积极开展适应气候变化国际合作。2018 年，我国和荷兰等 17 个国家共同发起成立全球适应委员会，致力于推动各国提高适应气候变化行动力度和加强伙伴关系。2019 年 6 月，全球适应中心第一个区域办公室——中国办公室成立，李克强总理与荷兰首相吕特、前联合国秘书长潘基文出席揭牌仪式，展现了我国对适应气候变化工作的高度重视和领导力，为促进大规模适应气候变化行动和伙伴关系注入政治推动力。2021 年 1 月，韩正副总理以视频方式应邀出席全球首届气候适应峰会并发表重要讲话，进一步展现中方重视和推动适应气候变化国际合作的决心。此外，我国还通过气候变化南南合作为其他国家提供微小卫星、气象机动站、无人机等设备，支持其提高监测预警和适应气候变化能力，为全球适应进程积极作出中国贡献。

2022 年 7 月，生态环境部等 17 部门联合印发《国家适应气候变化战略 2035》的必要性和意义？

侯芳：适应气候变化是应对气候变化的两大对策之一。我国一贯坚持减缓和适应气候变化并重，实施积极应对气候变化国家战略。《中华人民共和国国民经济和社会发展第十四个五年规划和 2035 年远景目标纲要》明确提出要加强全球气候变暖对我国承受力脆弱地区影响的观测，提升城乡建设、农业生产、基础设施适应气候变化能力。《中共中央 国务院关于深入打好污染防治攻坚战的意见》将制定《国家适应气候变化战略 2035》作为一项重要任务。

同时，各国制定并实施适应气候变化战略、计划、规划，强化适应气候变化行动，是落实 UNFCCC 和《巴黎协定》的基本要求，也是我国落实国家自主贡献承诺、提升适应气候变化国际领导力和影响力的必然要求。国际上多个国家和组织制订并执行国家适应计划，将适应气候变化纳入各级政府规划，提升适应能力和气候韧性。德国、加拿大、美国、澳大利亚、英国等发达国家相继制定了各国适应计划（战略）并采取多种手段保障计划实施，欧盟 2013 年出台了欧盟适应战略并于 2021 年对其进行了更新。截至目前，154 个发展中国家中有 125 个国家正在或已经制定了国家适应计划（战略）。

因此，在新形势和新阶段下组织编制《国家适应气候变化战略 2035》，既是贯彻落实党中央、国务院重大决策部署，坚持减缓与适应并重的重要举措，也是我国落实 UNFCCC、《巴黎协定》和国家自主贡献承诺的基本要求，对于我国进一步统筹协调推进国内国际适应气候变化工作、强化适应气候变化行动力度，提升应对气候变化不利影响和风险的能力，助力生态文明建设、美丽中国建设和经济高质量发展具有重要意义；同时对于我国积极参与气候变化国际进程、提高我国在适应气候变化领域的国际影响力和领导力也具有重要意义。

《国家适应气候变化战略 2035》与之前的战略相比有什么特点和创新？

侯芳：与 2013 年《国家适应气候变化战略》相比，《适应战略 2035》主要有以下特点和创新。

一是更加突出气候变化监测预警和风险管理，并单设一章。主要是考虑到气候变化观测及影响和风险评估是适应气候变化的前提和基础，极端天气气候事件监测预警和防灾减灾应急处置是应对气候变化极端不利影响的重要手段，相关工作应当进一步加强。

二是划分自然生态系统和经济社会系统两个维度阐述重点领域适应任务，并尽量提出定量目标。主要是考虑气候风险不断由自然生态系统向经济社会系统渗透蔓延，有必要引导全社会在重视气候变化对自然生态系统不利影响的同时，进一步突出强化经济社会系统适应气候变化重要性。同时在经济社会系统中增加了城市和人居环境维度，在敏感二三产业中也纳入了除旅游业外的气象服务、金融、能源等行业的重点任务，将适应议题延伸到社会系统的方方面面。

三是多层面构建适应气候变化区域格局。除将适应气候变化与国土空间规划结合、推动构建适应气候变化的国土空间外，按照全面覆盖、重点突出的原则，根据地理区划及各个区域的气候特点和发展阶段，量身定制东北、华北、华东、华中、华南、西北、西南、青藏高原八大区域适应气候变化的策略，同时以重大战略区域为引领，专门研究提出京津冀、长三角、粤港澳大湾区、长江经济带、黄河流域五大重大战略区域的适应气候变化策略。

四是强化适应气候变化战略实施保障。进一步加强部门间协调，由原来9部门印发增加到17部门印发，并更加注重机制建设，提出建立适应气候变化联席工作机制、探索建立适应气候变化信息共享机制、定期开展适应气候变化政策与行动评估、深化气候适应型城市建设试点等新举措，并进一步强化财政金融支撑、科技支撑、能力建设和国际合作等保障措施。

国家应该如何适应气候变化？

侯芳：《适应战略2035》明确了新形势和新阶段下我国适应气候变化工作的指导思想、基本原则、目标任务、保障措施，为下一步适应气候变化工作指明了方向。国家层面适应气候变化主要围绕四大重点任务来实施。

一是加强气候变化监测预警和风险管理。具体包括完善气候变化观测网络、强化气候变化监测预测预警、加强气候变化影响和风险评估、强化综合防灾减灾等措施。

二是提升自然生态系统适应气候变化的能力。主要是针对水资源、陆地生态系统、海洋与海岸带等对气候变化影响敏感的重点领域，加强气候变化对这些领域影响和风险的研究监测，统筹推进山水林田湖草沙冰一体化保护和系统治理，提升气候变化引发的洪水、干旱、海洋灾害、林草火灾、病虫害等灾害风险的能力。

三是强化经济社会系统适应气候变化能力。主要是受气候变化影响严重的农业与粮食安全、健康与公共卫生、基础设施与重大工程、城市与人居环境、敏感二三产业等重点领域，应当切实提升气候变化对上述重点领域影响和风险的认识，加强相关研究，同时做好应变减灾的准备。

四是提升国土空间尤其是关键脆弱区域适应气候变化能力。在国土空间规划中要充分考虑气候要素，加强气候资源条件、气候变化影响和风险评估，科学有序统筹布局农业、生态、城镇等功能空间。尤其要强化青藏高原、长江流域、黄河流域等关键生态脆弱区域和京津冀、长三角、粤港澳等城市群适应气候变化能力。

下一步，我们将围绕贯彻落实《适应战略2035》，会同有关部门进一步加强统筹指导和沟通协调，完善工作机制和工作体系，强化信息共享和试点示范，推动各方面采取和强化各项适应气候变化行动举措，并形成合力，确保《适应战略2035》落到实处。

城市应该如何适应气候变化？

侯芳：城市是人类生产生活的主要聚集地，也是各类要素资源和经济社会活动最集中的地方，遭受的气候变化不利影响和风险尤为严重。以防范气候风险为目标，将适应气候变化理念纳入城市建设中，积极开展气候变化影响和风险评估，并针对重点领域采取适应行动，建设气候适应型城市，是城市应对气候风险的一个重要举措。

为了积极推动城市适应气候变化，我国于2017年在全国范围内遴选28个城市（区、县），以全面提升城市适应气候变化能力为核心组织开展了气候适应型城市建设试点工作，探索符合各地实际的城市适应气候变化建设管理模式。试点城市积极探索在基础设施、生态系统、气候灾害风险管理、公众健康、宣传教育等领域广泛开展适应行动，并在适应气候变化管理体制机制、融资方式、保险产品、气象观测网、科技支撑等方面进行了有益的探索，试点城市适应气候变化理念明显提升，防灾救灾能力不断加强。

《适应战略2035》进一步对气候适应型城市建设作了部署，提出到2035年，地级及以上城市全面开展气候适应型城市建设，打造一批人与自然和谐共生的美丽中国样板。

当前我们正在积极推进深化气候适应型城市建设试点。总体思路是以有效防范和降低气候变化不利影响和风险为目标，以完善城市适应气候变化治理体系、加强气候变化影响和风险评估、强化城市重点领域适应气候变化行动、推进城市适应政策创新和能力建设为重点，选择典型城市先行先试，积极推进和深化气候适应型城市建设，为推进城市韧性可持续发展、助力生态文明建设和美丽中国建设作出积极贡献。

目前编制的试点方案关注了城市适应气候变化治理体系、气候变化影响和风险评估、极端天气气候事件应急处置、城市水安全和水生态、交通、生态系统、公共健康、能力建设等重点领域，也得到了相关部委的支持和地方的关注。相关部门积极表态愿共同推动这项工作。很多地方城市也非常关注，前来了解工作进展和思路，表达了拟积极申报的意愿。

我们期待后续能够通过深化气候适应型城市建设试点，探索出一系列可复制、可推广的成功经验，并切实发挥试点示范效果，推动全面提升城市适应气候变化能力。

个人应该如何适应气候变化？

侯芳： 从个人角度讲，首先要提高适应气候变化的意识。要认识到气候变化是当前全球共同面临的严峻风险，气候变化带来的海平面上升、冰川冻土融化、植被带北移、水资源安全风险上升，以及洪涝干旱、高温热浪等极端天气气候事件已经对我们的日常生产生活产生了很多不利影响。对于我们每个人来说，气候变化都不再是遥远和无关的事情，我们正不得不经历着全球变暖带来的各种极端天气和气候风险，并承担着其带来的各种高风险。对于即将发生的风险，主动适应已是必选项。希望每个人都能积极参与适应气候变化，并合理改变生活方式，以尽可能减少各类气象灾害带来的影响。

第二，就是要做好极端天气气候事件下的个人防护。我们看到很多极端天气气候事件对人们的生命健康和经济财产造成伤亡损失的案例，像郑州暴雨、南方高温等事件都牵动了全国人民的心。作为个人，要特别注意做好个人防护。比如在极端高温的时候，避免在太阳下暴晒，避免在高温下作业，避免高强度运动；遇到强降雨尽量不要外出，注意及时通过广播、电视、手机或网络渠道关注天气预报，及时掌握暴雨最新消息，掌握极端天气来临时必要的生存和急救技能。暴雨洪涝后要预防疾病的发生，室内环境需通风换气，确保饮用水和食物的安全，做好个人防护措施，如发现不适及时就医。

第三，我们还要倡导全民绿色低碳生活，减少温室气体排放。比如养成随手关闭电器电源的习惯，避免浪费电力；绿色出行，有效地利用共享单车或公共交通工具，减少碳排放；节约用水，不仅能够有效地保护水资源，也能够节省水费成本，一举两得；出门购物，尽量自己带环保袋，无论是免费还是收费的塑料袋，都减少使用；将打印机设置为双面打印，节约用纸，减少树木的砍伐等。

当前适应气候变化工作有哪些难点？对未来工作有什么考虑和期待？

侯芳：虽然我国适应气候变化工作已取得了很多成效，但面对气候变化长期性、复杂性等特点，当前和未来一段时期我国适应气候变化工作仍面临诸多挑战。

一是认识仍需提升。对气候变化导致的各种不利影响风险及其复杂性、广域性、深远性认识不足，对适应气候变化概念、边界、理论、技术等的研究和认识仍需加强，对适应气候变化国际形势、国际经验的分析借鉴有待强化，全社会对适应气候变化的认知和重视程度仍需提升。

二是基础仍然薄弱。适应气候变化协调机制和工作网络有待进一步健全，气候系统观测—影响风险评估—采取适应行动—行动效果评估的闭环工作体系需要完善，相关领域工作与适应气候变化工作的协同效应有待提升，青藏高原等关键脆弱区域的气候风险研究和适应行动亟须强化。

三是保障相对不足。对适应气候变化工作的人力、财力支持相对不足，基层队伍适应气候变化业务能力亟待提升，适应气候变化科学研究和专家智力支持仍需加强。

围绕落实党的二十大精神，贯彻实施《国家适应气候变化战略2035》，以防范气候风险、强化适应行动、提升适应能力为目标，按照"积极稳妥、重点突出"的原则，下一步我们拟着力推动以下几个方面的工作：

一是进一步加强气候变化影响和风险评估。加强气候变化影响风险与适应气候变化工作协调和会商评估。联合有关部门加强气候变化影响和风险评估研究，推动有关部门、地方定期开展气候变化影响和风险分析评估。

二是积极推动地方编制实施省级适应气候变化行动方案。加强对地方适应气候变化工作的指导，定期跟踪调度省级适应气候变化行动方案编制实施情况，加强地方适应气候变化工作经验总结交流和典型案例宣传，推动提升地方适应气候变化能力。

三是积极推动深化气候适应型城市建设试点。印发《深化气候适应型城市建设试点工作方案》，统筹考虑气候风险类型、自然地理特征、城市功能与规模等因素，在全国范围内遴选一批典型城市深入开展气候适应型城市建设试点，并加强制度设计和协调指导，加强经验交流和宣传培训，积极探索可复制、可推广的气候适应型城市建设路径和模式。

四是强化关键脆弱区域适应气候变化工作。贯彻落实"十四五"规划和2035年远景目标中关于"加强全球气候变暖对我国承受力脆弱地区影响的观测和评估"的要求，加强青藏高原、黄河流域、长江流域、沿海地区等气候变化影响和风险分析评估及适应气候变化行动。

五是强化适应气候变化支撑保障和能力建设。研究建立国家适应气候变化信息平台，强化适应知识、政策、信息共享。研究建立适应气候变化专家库，形成稳定可靠的智力支持。加强财政、金融、科技等配套机制和政策支持。加强适应气候变化对话交流、能力建设和科普宣传，提高适应气候变化认知度。

六是加强适应气候变化专题研究。加强气候变化影响和风险、气候脆弱性与适应能力研究。加强适应气候变化指标体系及《适应战略2035》实施进展与成效监测评估研究。加强适应资金投入与需求及适应气候变化融资机制研究。加强适应气候变化示范工程和示范技术遴选，推动关键技术研发、应用和推广。加强适应气候变化标准体系研究。

七是提升适应气候变化国际影响力和领导力。加强适应气候变化国际形势分析追踪，强化国内适应工作与国际适应进程衔接联动。加强关于全球早期预警的相关合作，积极响应古特雷斯早期预警的倡议。积极推动建立适应气候变化国际合作伙伴关系网络，加强我国适应气候变化政策行动经验国际传播，提高我国在适应气候变化领域的影响力。

通过以上工作，力争到2025年，国家、省级、城市三个层面适应气候变化工作机制基本完善，适应气候变化政策体系基本形成，气候变化影响和风险评估能力有效提升，关键脆弱区域气候风险防范和适应气候变化工作有力开展，新一批气候适应型城市建设试点示范效果逐步显现，全社会适应气候变化认知和理念大幅提升，我国在适应气候变化国际治理进程中的影响力和领导力明显提升。

同时，我们也希望全社会更加关注气候变化及其带来的不利影响和风险，更加支持适应气候变化工作，共同推动提高气候风险防范和抵御能力。

扫码观看访谈视频

11. 企业如何实现绿色转型？

访谈专家：朱黎阳

（中国循环经济协会会长，第四届国家气候变化专家委员会委员）

目前我国在能源利用方面的碳减排技术有哪些？

朱黎阳：在能源开发和利用方面要重点关注以下几个方面的技术，一是可再生能源的开发技术，二是可再生能源的储存和输配送技术，三是能源效率提升技术。

目前，我国可再生能源开发技术体系整体已经比较成熟，具有全球最完整的风电、光伏发电设备制造产业链，技术水平和制造规模都位居世界前列，在晶体硅太阳能电池产业化技术方面，我国已经掌握了从多晶硅提纯、单晶/多晶生长到高效电池和组件制备全产业链的核心技术，处于世界领先水平。

截至2020年底，我国多晶硅、光伏电池、光伏组件等产品产量占全球总产量份额均位居全球第一，连续8年成为全球最大新增光伏市场；光伏产品出口到200多个国家及地区，有效降低了全球清洁能源的使用成本；在风电方面，近年来也实现了跨越式发展，部分技术水平逐步与世界同步，建立了大功率机组设计制造技术体系，主要装备已经实现国产化和产业化。

可再生能源的储存和输配送技术包括智能电网技术和再生能源储存技术等，再生能源储存技术可有效缓解大规模可再生能源并网压力，通过抽水蓄能、压缩空气储能、飞轮储能等技术手段，实现能量在时间上、空间上的平移。目前，我国新型储能产业链逐步完善，为全球能源清洁低碳转型提供了非常重要的保障。截至 2022 年底，全国已投运新型储能项目装机规模达 870 万千瓦，位居全球第一。智能电网技术，是通过电网的智能化改造，结合智能管理技术，更有效地对电网进行管理，以降低能源消耗，如智能电网自动化技术、电力市场技术、能源互联网技术、智能用电技术等。

能源效率提升技术方面，包括热回收技术、节能电器技术、建筑节能技术等。目前很多技术都处于世界领先水平。比如说，煤炭的清洁高效利用，我国从 20 世纪 90 年代就开始重视，30 多年来，在煤电技术创新方面取得了很大的突破，我国自主研发制造的高参数、大容量超临界燃煤机组的主要参数已达到世界先进水平，目前火电发电煤耗最高水平可达 256.8 克／千瓦时，供电煤耗为 266.5 克／千瓦时；百万千瓦空冷发电机组、二次再热技术、大型循环流化床发电等技术均世界领先。

近两年，各个重点领域或行业都在制定碳达峰方案，相关方案里面重点推广的具体行业的能效提升技术，基本上也都是比较成熟的，如工业领域的钢铁高温 TRT 发电技术、水泥高效篦冷机、电解铝一罐到底技术、稀土永磁电机技术等；建筑领域的工业余热回收供暖技术、长距离大温差供热技术、超低能耗建筑设计等；交通领域的纯电动汽车技术、智能充电桩技术等，这些都是比较成熟的能效提升技术。

除此之外，近几年广受关注的永磁同步电机，也具有显著节能效果，目前在石化能源行业、煤矿行业、纺织行业、水泥行业，水泵、风机等领域广泛应用。生活领域，家用电器能效提升技术，比如冰箱的智能化控温技术，通过智能化提升控温的精确性，实现节能减排；格力推出的"零碳源"空调技术，集成了先进蒸气压缩制冷、光伏直驱、蒸发冷却及通风等技术，可以提高可再生能源和自然冷源的利用效率，采用这种技术的气候自适应空调的碳排放比传统空调低 20% 左右。

目前,工业碳减排的技术有哪些?

朱黎阳:工业碳减排是一个系统工程,不仅要考虑工业用能排放的二氧化碳,提高能源利用效率,还要考虑工业原料的加工和转化过程中排放的二氧化碳。因此,根据发展循环经济的要求,在工业生产过程中,还可通过燃料替代技术和原料替代技术来实现碳减排。

其中,燃料替代技术,除了我们前面谈到的风光电技术,目前有一个比较成熟的新技术,就是"绿电制绿氢"技术。所谓的"绿电制绿氢",就是利用可再生能源电解水制氢。"绿电制绿氢"一方面可极大地消除氢气生产过程中的碳排放问题,构建真正洁净的新型能源体系;另一方面可将间歇、不稳定的可再生能源转化储存为化学能,实现持续稳定的能源供给,可以有效避免传统化石能源制氢所带来的碳排放,是对现有高耗物、高耗能、高碳排放的工业发展模式的根本性变革。

有些企业已经开始应用这项技术。比如,宝丰能源采用绿氢与现代煤化工融合协同生产工艺,在煤制烯烃项目上配套建设风光制氢一体化示范项目,实现绿电、绿氧、绿氢耦合碳减排,同时减少外购甲醇量,稳定烯烃产能。另外,中国石化中原油田牵头建设的中国石化首个兆瓦级可再生电力电解水制氢示范项目也已经进入开车准备阶段,该项目投产后,预计每年可减排二氧化碳1.4亿吨以上。

原料替代技术,大致可分为两类:一类是利用低载碳原料替代高载碳原料,比如利用粉煤灰等大宗固废替代石灰石等碳酸盐类高载碳原料生产水泥,减少生产过程中的碳排放,据我们协会测算,每综合利用1吨粉煤灰等低载碳原料生产水泥可减少二氧化碳排放约0.85吨。

另一类是利用再生原材料替代原生材料,比如利用废钢生产钢材、利用废塑料生产塑料等,可以缩短工艺流程,从而减少碳排放,我们把这称为流程优化。以废钢和电力为原料的电炉"短流程"炼钢工艺与以天然铁矿石和煤炭等为原料的高炉—转炉"长流程"炼钢工艺相比,减少了烧结/球团、焦化、高炉等高能耗、高排放的工序，缩短了工艺流程，从而减少二氧化碳排放。据测算，仅对比生产环节，与利用天然铁矿石相比，每利用 1 吨废钢可减少二氧化碳排放约 1.6 吨。

此外，工业领域电气化水平的提升，通过将工业锅炉、工业煤窑炉用煤改为用电，大力普及电锅炉等方式，减少直燃煤，也能够有效推动实现工业生产过程中的零排放。

在消费领域，有哪些成熟的碳减排技术？

朱黎阳：居民消费包含衣食住行用等方方面面，很难在短时间给出一个系统而全面的答案。今天重点谈谈新能源汽车和清洁供暖方面的碳减排技术，这是碳排放强度较大的两个领域。

与燃油汽车相比，新能源汽车的二氧化碳排放量较少，碳排放主要取决于动力电池的耗电情况和动力电池的类型。动力电池效率提升方面的技术主要有超高镍技术、单晶三元材料应用技术等，这些技术的应用能够提升动力电池的能量密度，从而提高电池效率，实现碳减排。目前，我国主流纯电动乘用车系统能量密度最高达 194.12 瓦时 / 千克，百公里电耗降低至 12.5 千瓦时，续航里程提升到 400 千米以上，处于国际先进水平。

此外，氢燃料电池技术的碳减排效果也十分显著，氢燃料电池能直接将储存于氢气和氧气中的化学能转化为电能，副产物只有水和热量，实现零排放。近年来，我国氢燃料电池发动机技术已经从第一代燃料电池发动机迭代到第三代燃料电池发动机，电堆功率密度已经达到 3 千瓦 / 升，体积已经能够实现与传统四缸内燃机相当。

在供暖方面，利用清洁化燃煤、天然气、电、地热、生物质、太阳能、工业余热、核能等清洁能源的清洁供暖技术，有效减少了因供暖带来的碳排放。目前，低谷电能储热的清洁供暖技术，利用电力取代燃煤锅炉集中供暖，在减少二氧化碳排放的同时，还可以利用峰谷电价配合电网调峰，解决风电、光电等可再生能源电力波动性，促进可再生能源消纳。

例如，秸秆等农林废弃物的清洁能源利用已在农业农村冬季采暖、炊事用能等场景实现了对传统化石能源的有效替代，比如利用生产余热资源以低温直供的方式为居民供暖，年可节约标煤近 3 万吨，出水温度在 60℃以上，属于绿色、低碳暖民工程，成为居民在冬季取暖的重要热源，实现了生产系统和生活系统的循环链接。

未来，还有哪些需要迫切发展的低碳新技术?

朱黎阳：我认为主要有三个方面：一是发展以新能源为主体的新型电力系统，围绕能源的高效利用，发展多种能源互补利用与调节技术，通过多种能源系统的联合规划设计、协调运行控制，实现能源利用的高能效和低成本；二是发展碳循环经济相关技术，比如，煤炭、石油、二氧化碳的材料化利用技术，二氧化碳的地质利用与封存技术等；三是废弃物循环利用相关技术，包括大宗固废、再生资源、余热余压等废弃资源的循环利用技术。

扫码观看访谈视频

12. 碳中和与 ESG 将如何影响企业发展?

访谈专家: 刘均伟

（中金公司研究部量化及 ESG 首席分析师、执行总经理）

ESG 是什么? ESG 有哪些重要指标? ESG 对经济、环境有什么影响?

刘均伟: ESG（Environment, Social and Governance）本质上是联合国契约组织为 "可持续发展" 相关议题和目标提出的一个相对清晰的分类原则,这些具体的议题被归类到环境、社会和治理三大支柱里,为可持续发展议题的沟通、治理提供了相对统一的语言体系。

在 ESG 的指标里,像 "环境" 支柱下的温室气体排放、气候变化风险、污染物排放、生物多样性保护、"社会" 支柱下的产品安全责任、员工安全与健康等都是海内外非常关注的可持续发展议题。

从经济的角度来看,一个 ESG 基础设施建设成熟的经济体系,能够通过 ESG 的 "价值链",将企业的 ESG 信息有效地传递给资源配置者,而资源配置者可以基于 ESG 的原则和理念,更多地投资到高 ESG 表现的企业,降低成本、提高收入,形成一个正向反馈的作用机制。

从 "环境" 的角度,企业 ESG 披露的一项重要内容就是温室气体排放量,政府、社会公众能够通过收集这些数据,更好地把握碳中和的进度,及时评估、调整双碳投资的方向和规模。

全球及我国 ESG 发展来龙去脉及现状?

刘均伟: 目前,大家公认 2004 年是一个时间上的分水岭,那一年,联合国全球契约组织（UNGC）联合全球 20 家金融机构共同发布了一个报告——《关怀者胜》（*Who Cares Wins*），报告中提出了政府、投资者和企业应当重视 ESG 相关议题。

其实在 2004 年前，ESG 在海内外已经有非常广泛的实践。在西方国家，早些年以商业道德、道德投资作为 ESG 实践的雏形，而后逐渐形成了成体系的企业社会责任（CSR）实践和社会责任投资（SRI），有一个非常著名的社会责任投资指数叫 KLD400，从 1990 年发布至今一直在维护、更新，是最具有影响力的 ESG 投资指数之一。而我国，也早在 20 世纪 90 年代初期就有了 ESG 相关的顶层设计。在 1992 年的联合国环境与发展大会中，中国是《21 世纪议程》的支持方，并且在很短的时间内根据《21 世纪议程》的内容制定了《中国 21 世纪议程》作为国家可持续发展战略进行部署实施。

到了 2004 年，ESG 理念由联合国全球契约组织向全世界广泛推广，海内外 ESG 相关的实践活动才真正开始成体系地发展。比较著名的是 2006 年成立的联合国责任投资原则组织（UNPRI），全球各大资管机构开始加入 UNPRI，我国的许多公募基金、保险公司也从 2017 年开始陆续加入 UNPRI。不仅如此，海内外的监管部门也开始自上而下地将 ESG 纳入监管实践，像欧盟地区、美国和日本，根据市场特征、法律框架制定了相应的 ESG 监管框架，例如欧盟有三大法律支柱对企业和金融机构的 ESG 信息进行强制披露、美国基于投资产品的"反欺诈"原则要求标记 ESG 关键词的投资产品必须披露资产层面必要的 ESG 信息以避免"漂绿"、而像日本则是通过对最大的养老金 GPIF 进行尽责管理的指引带动全市场 ESG 的披露和管理。而我国的 ESG 实践主要是基于 2016 年七部委发布的《关于构建绿色金融体系的指导意见》、基金业协会的《绿色投资指引》以及沪深交易所、国资委对企业的环境信息、社会责任的披露规则。随着我国的社保基金近期对各大基金公司的 ESG 投资组合进行招标，我国的 ESG 的实践也在信息披露规则、投资引导等形式开展丰富的实践。

如何评价企业的 ESG 水平？ESG 评级市场的现状如何？

刘均伟：ESG 数据反映了企业各方面的 ESG 水平。通常，ESG 的原始数据来源于企业自己的披露和第三方提供的另类数据。一般而言，企业每年在年报发布前后公布一次《ESG 报告》。而另类数据，例如政府部门的监管处罚、新闻舆情、遥感卫星数据大多数都可以做到每日更新，甚至是实时更新。

虽然 ESG 原始数据能相对全面地展现企业各方面的 ESG 水平，但企业的 ESG 原始数据多数是非结构化的，ESG 信息使用者在处理这些数据时会面临很高的成本。为了降低利益相关方对企业 ESG 数据的处理成本，综合地展现企业 ESG 的相对水平，市面上涌现了许多 ESG 评级机构，通过对企业进行评级和打分的形式展示企业的 ESG 综合水平。ESG 评级的可靠性依赖 ESG 原始数据的完整度和一致性以及 ESG 评级方法论的科学性和成熟度。

目前海内外比较知名的 ESG 评级机构多数是股票指数的编制机构、信用评级机构和财经媒体平台，它们在长期实践中形成了较大的市场影响力，因此它们发布的企业 ESG 评级也获得了广泛的市场认可。国内还有一部分资产管理机构和证券公司也发布了对中国上市公司的 ESG 评级，比如中金公司研究部也在 2022 年 12 月发布了中金 ESG 评级。

有学者验证、评价了国际主流 ESG 评级商发布的企业 ESG 评级数据，结果显示，国际 ESG 评级的相关性并不高，相关性系数在 0.5 左右。我们团队 2021 年对国内的主流 ESG 评级机构也做了相关统计分析，平均相关性只有 0.37。从数据分析结果可以看出，海内外的 ESG 评级仍然存在很大的进步空间，监管部门也在通过法律层面、数据基础设施的完善，促使企业提升 ESG 信息披露质量，而 ESG 评级机构也通过对另类数据的深度整合、方法论的持续提升，提高 ESG 的评级有效性。

上市公司如何顺应 ESG 趋势，进行 ESG 管理？

刘均伟：近年来，海内外监管主体、机构投资者越来越注重被投资企业的 ESG 管理和提升，上市公司也开始重视将 ESG 融入自身的管理架构和主营业务的决策流程之中。我们认为，上市公司进行 ESG 管理的整体实践路径可以总结为"风险识别—机遇识别—管理模式—信息披露"四个层面。

首先，ESG 风险识别，指的是识别出 ESG 相关的议题可能对企业造成的财务风险。以目前被企业、资管机构经常用于测算、评估气候变化议题的物理风险为例，上市公司通过分析、识别所持有的固定资产、所在地理位置气候灾难的发生概率来评估自身资产减值的风险并采取相应的措施进行管理。将财务重要性比较高的 ESG 议题纳入企业的风险管理体系中，不仅能提高企业本身的 ESG 水平，还能有效地改善企业的尾部风险。

机遇识别指的是上市公司可以关注自身的核心主营业务与目前海内外可持续发展趋势的结合，积极地与利益相关方进行沟通，对可能出现的 ESG 机遇进行判断。我们认为，"碳中和"相关的可再生能源、储能、智能电网等产业，以及绿色技术研发、参与可持续金融活动等都是企业目前可以关注的 ESG 机遇。

最后是上市公司的管理模式和信息披露。这是上市公司能够有效管理 ESG 风险、抓住 ESG 机遇并提升企业长期价值和自身 ESG 水平的重要保障。上市公司的 ESG 管理模式呈现自上而下的运作特点，目前比较成熟的做法是，在公司的董事会之下设立 ESG 工作领导小组，由管理层或者是任命专职的可持续发展官、ESG 负责人带领 ESG 工作领导小组管理和披露公司的 ESG 议题。公司的 ESG 工作领导小组会制定 ESG 相关的规章制度、设定相应的 ESG 目标落实到各个业务部门并进行考核。最后，ESG 工作领导小组会定期汇总公司各项 ESG 议题的相关信息，编制公司的 ESG 报告并对外披露。

综上所述，上市公司的 ESG 管理是自上而下的，具备"财务重要性"与"环境社会重要性"两方面的"双重重要性"特点。上市公司关注 ESG

相关的议题，不仅能帮助管理自身的多种风险，还能抓住可持续发展趋势的相应机遇来提升上市公司的长期价值。

金融机构如何把握 ESG、碳中和机遇？

刘均伟：金融机构是经济体中重要的资源配置者，在我国绿色金融体系下，金融监管部门也在持续地通过规则制定和政策引导的方式促使金融机构在各类业务活动中进行 ESG 相关的实践。

我们先来讲一讲金融机构如何参与 ESG、碳中和相关的投资活动。海内外的大型资产管理机构除了会加入上述提到的 UNPRI，还会去参与例如"气候行动 100+"等与气候投资相关的联盟，通过实际的投资活动来促进全球减碳。

从投资产品层面，根据我们的观察，近几年，全球 ESG 产品策略发生了比较大的变化，2020 年之前，占比最高的策略是负面筛选，就是剔除一些不符合 ESG 投资原则或者 ESG 得分靠后的资产。而过了 2020 年，ESG 整合策略产品的规模占比显著提升，成为占比最高的 ESG 投资策略，主要原因是海外对 ESG 投资的监管体系逐渐成熟，对于纯负面筛选的基金产品，如果对资产层面的 ESG 评分没有被适当地管理，就会被认定为"漂绿"，这些资管产品最终会被监管部门剔除出 ESG 分类。而实施 ESG 整合策略的资管产品，其管理人在 ESG 的投资体系、信息披露等方面有相对完善的实践经验，能够基于"双重重要性"原则，在传统的基本面投资研究中融入 ESG 因素，在尽可能不影响投资收益的基础上，使投资组合整体呈现出较好的 ESG 水平。

另外，越来越多的市场监管者开始要求机构投资者在 ESG 投资活动中对所投资上市公司实施尽责管理，鼓励机构投资者积极行使股东的投票权，通过股东大会投票和公司董事会沟通等形式促使被投资的企业在经营决策中与可持续发展目标相一致。

综上所述，金融机构通过投资活动，在投研环节实施 ESG 整合策略，在投中、投后行使积极所有权来改善所投企业的ESG水平不仅能有效地管理投资风险,还可以通过股东所有权来参与公司治理,提升资产整体的ESG水平,形成"正外部性"。

另外,不同类型的金融机构也有自身特色的ESG、碳中和相关业务实践。例如:商业银行通过绿色信贷的形式向实体经济的碳中和产业提供资金支持;保险公司是天然的ESG风险承担者,保险公司发行了大量巨灾保险、污染治理相关的保险来承担被保险人因气候相关风险造成的损失;而像证券公司的投行业务也会通过承销与发行碳中和相关的权益类、债权类融资工具来帮助碳中和产业获得融资。

我国已经形成了多样化、多层次化的绿色金融市场,金融机构可以通过积极参与来抓住"碳中和"的机遇。目前,我国的金融市场正在发行、交易各类标准化的绿色金融工具,例如可持续债券市场,包括绿色债券、转型债券、可持续挂钩债券等;基金市场,包括绿色基金、ESG基金、生态环保类REITs;另外,也有与碳中和概念相关的上市公司。还有许多非标准化的绿色投融资活动正在活跃地开展,例如:有分布广泛的绿色股权投资基金、绿色信托项目、碳配额、碳信用、环境权益工具等。我国的金融机构正在通过参与发行、创设、交易等多种形式为"碳中和"相应的项目和产业提供相应的金融支持。

总体而言,金融机构可以结合自身的业务特点,通过选择合适的ESG及绿色金融工具作为载体来实施合适的ESG策略,在风险可控的基础上,把握住ESG、碳中和趋势。

扫码观看访谈视频

主要参考文献

国家气候中心 . 气候变化与碳达峰碳中和 [M]. 北京：气象出版社，2022.

陈迎，巢清尘 . 碳达峰、碳中和 100 问 [M]. 北京：人民日报出版社，2021.

全球能源互联网发展合作组织 . 中国碳中和之路 [M]. 北京：中国电力出版社，2021.

秦大河，翟盘茂 . 中国气候与生态环境演变：2021[M]. 北京：科学出版社，2021.

杨建初，刘亚迪，刘玉莉 . 碳达峰、碳中和知识解读 [M]. 北京：中信出版社，2021.

庄贵阳，周宏春 . 碳达峰碳中和的中国之道 [M]. 北京：中国财政经济出版社，2021.

Intergovernmental Panel Climate Change. Climate Change 2021: The Physical Science Basis[R]. Geneva: IPCC, 2021.